# 風景にさわる

ランドスケープデザインの思考法

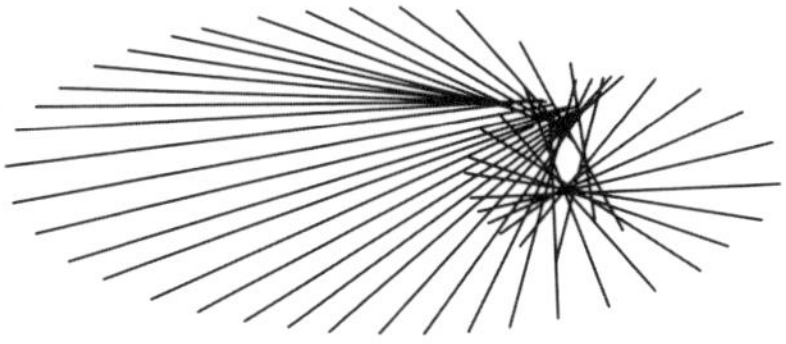

長谷川浩己

丸善出版

# はじめに

## 1

もう何十年も前になるが、バリ島に2週間ほど滞在していた。ウブドの夜の闇がもっと濃かったころのことである。ある夜、レゴンダンスで有名な近くの村まで出かけたことがあった。知り合った人のバイクの後ろに途中まで乗せてもらって、あとは田んぼの中を歩いて行く。懐中電灯の灯りが足もとだけを照らし、まわりには蛍がふわふわ漂っていた。

見えてきた劇場は闇の中の光の一角で、人のざわめきですぐにここだとわかる。足もとは土、座席はベンチシート、照明は裸電球。屋根だけがかかり、もちろん壁はない。あたりは少し高揚したざわめきとそれを打ち消すようなカエルの鳴き声に包まれていた。

お金を払う観光客には座席が用意されているが、客席とステージの間には土間だけの空間があり、村の子どもたちが勝手に出たり入ったりしている。ステージにはガムランの楽団がすでに座っていたが、何やら楽器のチューニングの最中なのか、あちこちで音が断片的に響いていた。

と、本当に突然、おそらく誰かの合図ですべての楽器が鳴り響き、唐突に演奏が始まったのである。本当に鳥肌が立つような感動はそんなに味わえないが、このときの記憶は未だに鮮烈である。

さまざまな人々が集まり、ともに居る。そこまでの道行きもふくめて時間と場所を共有している。音、光、声、匂い、気配、劇場のありようや一瞬で反転するステージ、私を包むすべてがこの時間と体験を生み出している。言葉を変えれば、私はそのとき世界を体験していたのだと思う。身近なところからつながることができれば、私たちはすごく遠くとまでつながることができるし、世界と接続しているというリアルな感覚は私たちみんなにとってとても大事なものだと信じている。

いま、このような感覚をもつことは難しくなっているかもしれない。インターネット上に浮遊するあまりにも多くの情報や仮想現実、拡張現実などがもたらす新たな体験に私たちは溺れつつある。このさきにどんな局面が待っているのか私にはまったく想像もつかないが、世界への認識が大きく変わる時代にいることは間違いない。だからこそ、もう一度私たちは世界という全体像をつかみ直さないといけないのだろう。

## 2

子どものころからアフリカのサバンナやゴビ砂漠、あるいはユーコン川の川下りとか、そんなテレビ番組を見るのが好きだった。自分がいま居る場所と地続きなはずなのにまったく知らない場所があって、そこには見たこともない景色が確実に広がっている。だけどそこを暮らしの場としている人たちや動物がいるはずで、彼らにとってはそこは（自分にとってのこの場所のように）当たり前の場所なんだろう。そのことがとても不思議な感覚で、ちょっと足もとがずれるようなその感覚をテレビを通して味わうのが好きだったのかもしれない。

その後、時代は高度経済成長期に突入し、公害問題や環境問題が新たな社会問題として浮かび上がってきた。石牟礼道子の本やユージン・スミスの写真で知った水俣病のことなどは本当に衝撃的だった。そんなこともあってか大学は環境系の学部に進んだが、そのあとデザインの分野に来てからもずっと心に残っている思いというかイメージがある。

小さいころに想像していた世界はとてつもなく大きくて果てがなかった。ずっと行けばいずれはたどり着くだろうし、そこにはそこを日常としている人や動物が居るとわかってはいる。しかし世界の方が圧倒的に大きく、私たちはとても小さな存在だと思っていた。

ところがいまはどうだろうか？　確かに公害病などは減ったように見えるかもしれない。他方、海洋汚染、環境ホルモン、地球温暖化、放射能汚染など、問題はより広範かつ長期的になり、地球全体に及んでいる。都市もまた急速な科学・技術の発達により前例のない高密化またはスプロール化が進展し、列挙できないほどの問題を抱えている。むしろ問題のスケールと種類は増える一方だ。

私たち人類は技術の力において急激に巨大化してきた。実際に地球に行使しているインパクトは100年前の比ではない。しかし一人ひとりが世界を見る射程距離は、私が小さかったころからほとんど変わっていないのではないか。数字ではわかっていても感覚が追いついていない。いまの人類は脳みそが小さいまま巨大になった恐竜のようだ。自分のしっぽがどこを壊しているのか、自分の足もとで何を踏んでいるのか、自分が食べられる葉っぱがあとどのくらいあるのか、あまり気にしてない。というより、考えていない。いずれこのままでは自分たちは滅びるだろうとうすうすは思っているにしろ。

## 3

この二つの話が、私がランドスケープデザインという分野に足を踏み入れた二つの立ち位置である。あくまでも個人的な体験と、そして俯瞰してみたときの「私たち」の存在。ただ、どちらも世界に対する興味、世界に接続することへの興味が根底にある。この二つは私の中では分かちがたく結び合っていて、自分にとってのデザインとは、そのことに対する答えを探すためのツールなのかもしれない。たどってみれば成り行きでここまで来たとしか言えないが、一つひとつの選択の根底にはこの二つの話が横たわっている。

小さなコミットかもしれないけれど、世界との関係を解きほぐす一端を担ってみたい。目の前の世界の中に、他者とともに一緒に時を過ごすことができる場所の成り立ちに関わってみたい。そういうことを考えたりする。そのことが何か次の時代に向けての足がかりになるのではないかと思っている。

二つの話は二つの視点の話でもある。いま私たちに必要なのは自分たちのもっている力にふさわしい、遠くまで見通せる眼である。同時に目の前の小さな風景と俯瞰して見る地球全体を同じものとして見る眼である。それは感覚だけの話ではなくて、経済の話であり、公共性の話であり、政治の話であり、科学の話であり、技術の使い方の話でもある。世界が動くしくみをきちんと理解し、いま見えている風景が成立するためにはちゃんと理由があるのだということを、まず知ることが大事だと思う。世界とはいろんなことの関係性の編み目のようなものであり、その現れようがそれぞれ固有の風景ランドスケープデザインは、それらの関係性がまさしくかたちとして現れるその場に立ち会うことができる。それが面白いし、難しい。

そんなことを思いながら、仕事をしてきたなかでいろいろと考えてきたことをいくつかのキーワードに整理してまとめてみた。バラバラに読んでもいいが、一応読んでほしい順番に並べてある。それぞれは独立したキーワードとなっているが、互いがゆるやかに関係し合って全体としてまとまった輪郭が浮かび上がればと思っている。

ランドスケープデザインは私にとっては一つの考え方、ものの見方である。それは明晰に語られる考え方ではなくて、おぼろげな輪郭とともに浮かび上がってくるような多面体のような考え方だ。そんなイメージを伝えられる本になればいいなぁ、と願いつつ書いてみたものである。

二〇一七年八月

長谷川浩己

目次

## 08
## 時間を生きるデザイン



**凡例**

は各項目に関連するブックガイドを示す。

# I 思考の手がかり

## 01 風景に気づく

あまりにも当たり前にあり、まるで空気のような存在。それが多くの人にとっての風景という存在だろう。失ってみて初めてその存在に気づくという意味では、まさに空気と一緒である。その風景を客観的に対象として見る。それがランドスケープデザインの第一歩である。その存在に気づくこと、対象として見ること、そういう視点をもつことはデザイナーだけではなく、私たちみんなにとって重要なリテラシーになりつつある。私たちはもはや風景に抱かれているだけの存在ではない。一夜にしてそれを変えてしまうことができるほどの力を手に入れているのである。

## 02 関係性に参加する

関係性はとても大事なキーワードだと思っている。ただ、そう語ってしまうと往々にして何も語っていない、ということになってしまうのだが。本当はもっといい言葉があるのかもしれないが、いまの時点では関係性としか語れない自分がもどかしくもある。いずれにしてもランドスケープデザインはそれ自身で完結することがなく、つねにすでにそこにあるもの、またはその周辺にあるものとの関係において初めて存在することができる。そして何かができたと同時に他と関係をもち、動き始めるのである。

今日まで
ランドスケープデザインという
行為を通して、
一貫して世界や風景という
茫漠として曖昧な対象を
どう見て、どう向き合うのかを
考え続けてきた気がする。
ここでは「思考の手がかり」として
それら思考の断片を一同に並べてみた。
4つのテーマを振ってあるが、
それぞれが少しずつ互いに
関連しあっているように思う。

## 03 場所を設《しつら》える

私のイメージでは、場所とは無数の泡のように次々に生まれては消えていくものである。もちろん確たる居場所としてのホームは誰でももっているだろうし、必要なものである。同時にちょっとした、本当に一瞬だけ生まれるような無数の場所もこの世界を生きていく上で重要である。場所を足がかりにあちこちに様々な行為が生まれ、人はこの世界に属していることを体験できる。場所を通じて束の間の、またはもう少し長い時間をかけてのコミュニティが生まれ、やがて人が集まるエリアとなるだろう。そうした場所が生まれる頻度とバリエーションの豊かさをデザインとしてどう考えていけばいいのだろうか。

## 04 風景は公共空間である

地《じ》の空間であることはすなわち公共空間である、と言ってしまってよいような気がしている。ただそれは「みんなのための空間」というような、ニュートラルかつ結局誰のためでもない空間を意味しているわけではない。風景には人間だけではなく実に多くの他者が参入し、それぞれが力を及ぼし合っている。それぞれが環境の最適化を目論み、変化を促し、動き続ける世界に風景の源がある。そういう多様性の集合が実は公共空間なのだ。いわゆる公共機関が所有する空間がどうもつまらなく思えてしまうのは、そこの勘違いに原因がある気がする。公共空間はもっとダイナミックな存在のはずである。

# 風景はすでにそこにある

生まれてしばらくして眼が開く。そして、自分とそのまわりの世界が区別できるようになる。おそらくそのころから、その人にとっての風景も一緒に生まれてくるのだろう。それは世界というものの現れとしての風景であり、自分を包み込む大きな存在を名づけたものである。私たちが世界の中に生まれ落ちてくる以上、風景はつねに「すでにそこにあるもの」として姿を現す。また哲学者・市川浩の言うように、そもそも私たち自身が風景と無関係には存在しない〈間身体《かんしんたい》〉であるとも言える。

ランドスケープデザイナーはクリエイターではない。創造（クリエイション）ではなく、すでにそこにあるものへ働きかけることが私たちの仕事である。その態度はむしろ参加であり、すでにあるものの変容を求めていると言った方がふさわしいと思っている。実のところ、この世界に生きている、動いているあらゆるものがこの変容に関わっている。店を開いて野菜の陳列を始める八百屋のおばさんも、空から降り落ちる一滴の雨も、すべてが、である。

ではランドスケープデザインとは何なのか。それはその変容にいかに意識的に関わるかということではないか。世界はあらゆることの大きな流れが層状に重なっているもの（レイヤー）だと見ることもできる。ランドスケープデザインの仕事は日々複雑化する様々なレイヤーをチューニングしつつ、次の時代の風景を模索することである。そしてその流れの上に私たち自身が生きていける居場所をささやかでも確保していきたい。それが「すでにいまここにある風景」を次へとつなげていくための足がかりとなるはずだ。

市川浩
『〈身〉の構造』
講談社（一九九三）
三木成夫
『内臓とこころ』
河出書房新社（二〇一三）

空から見る岩手・紫波町散居村

# 世界は他者で満ちている

世界は膨大な関係性の編み目からできていて、他者とはそういう関係性を生み出す自立した存在である。他者は自立した意志をもっていて、思考する。こう言うと人間だけが他者になりうるようである。しかしここでは、この世界のありように参加しているプレイヤーであり、私たちと関係が成立するだけの理由と力をもっていて、その編み目に分かちがたく組み込まれているものたちを他者と名づけたい。文化人類学者のグレゴリー・ベイトソンの語る〈精神〉や〈自然〉、エドゥアルド・コーンが語る〈諸自己〉や〈生ある思考〉のような意味合いでもある。

人間以外で最も身近な他者は植物だろう。明らかに自立した存在であり、彼ら自身の生存のための意思、戦略をもっている。森が遷移していくのはまさしく他者同士のせめぎ合いと共生の経緯である。最終的には極相《きょくそう》となる森が、そうではない方向へ変化するとすれば、雷による山火事や火山の噴火の影響、あるいは人間の産業的目論見などがそれまでの関係性に新たに介入するせいである。そしてこの文脈では雷や火山活動も圧倒的な力としての他者であり、林業もまた経済的意思としての他者である。

他者との錯綜する関係性が生み出すものを文化的な面から表現すれば、それが風土と言えるのかもしれないし、科学的に記述すれば固有の生態系と説明されるのかもしれない。いずれにしろ世界は膨大な他者同士の力の干渉であり、その都度の動的な均衡または不均衡が風景として現れてくる。関係は刻々と変わり、とどまることがない。私たちもまた一人ひとりが風景の構成に関わるプレイヤーであり、風土や生態系の重要な一部なのである。

グレゴリー・ベイトソン、佐藤良明 訳
『精神と自然』
新思索社（二〇〇六）

エドゥアルド・コーン、奥野克巳、近藤宏 監訳
『森は考える』
亜紀書房（二〇一六）

植物は彼らの意志をもっている

# 世界は勾配に満ちている

私たちが立っているこの地球の表面は、当たり前だが平らではない。大地が隆起し山となり、雨が穿って谷を削り、土砂が堆積して扇状地を形成する。悠久のタイムスケールで刻々とその姿を変えている。このような地表面で唯一の絶対水平面は文字通り水面だけである。人が多く暮らす都市部においては駐車場、広場や宅地のように水平面がたくさんあるように見えるかもしれない。しかしそういう場所ですら、水勾配《みずこうばい》という1~2%ほどの排水のための勾配が付いているのである。

建築の世界では床が水平であることが当たり前であり、傾いた床はそれだけで一つの事件である。しかし、ランドスケープデザインの世界では傾いていることこそが前提条件である。地面は必ず何かしらの勾配をもっている。それに従って流れる水の存在が流域という循環的な生態圏を育み、それを基盤として私たちの文明や文化圏を作り出してきた。それは人と環境の相互作用から生み出された風景の最も基本的な根拠の一つとなっている。

もう一つ、勾配はこの世界で暮らす私たちにとってとても大きな恵みをもたらしている。それは勾配がもたらしてくれる私たちのふるまいの豊かさである。海辺で寝転がることができる砂浜、花火大会で観客席となる土手、雪山で楽しむスキーなど、すべて勾配がもたらしてくれる可能性である。勾配は高低差でもある。わずかな勾配でもその上に立ったときと、下に立ったときとではそこから見える風景は違う。すり鉢地形の底から見上げる青空、小山の上から見晴らすパノラマ。勾配は私たちにとっての「世界の感覚」に直結している。

日本建築学会 編『コンパクト建築設計資料集成〈都市再生〉』丸善出版(二〇一四)

まちなかの様々な勾配

建築の床
0% 0°

グラウンド，テニスコートなどの推奨水勾配
0.5% 1:200 0.3°

舗装面の標準水勾配
1~2% 1:100~1:50 0.6~1.1°

芝生の水勾配，芝生上のスポーツに適した勾配
2% 1:50 1.1°

道路の横断勾配
2% 1:50 1.1°

視覚的に平坦に見える最大勾配
3% 1:50 1.7°

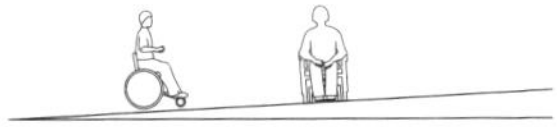

車いす使用の斜路の縦断勾配の限度（屋外）
車いす使用の斜路の横断勾配の限度
視覚的に平坦に見える芝生面の最大勾配
5% 1:20 2.9°

車いす使用の斜路の縦断勾配の限度（屋内）
8.3% 1:12 4.7°

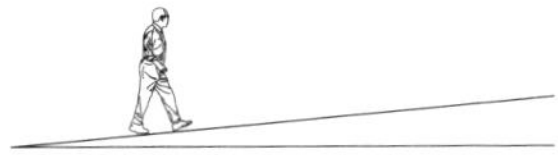

安全に歩行できる最大勾配
8.7% 1:12 5°

地面に座りやすい
10% 1:10 5.7°

砂浜（波打ち際）
10.5~13.2% 1:9~1:7 6~7.5°

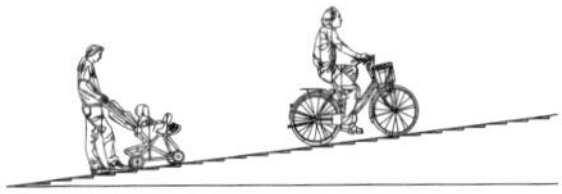

一般斜路の最大勾配
12% 1:8.3 7°

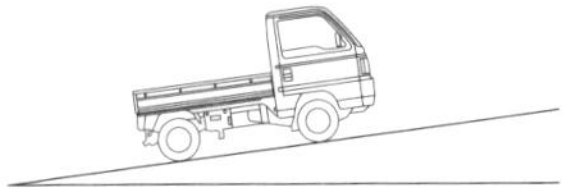

駐車場内の斜路の最大勾配
17% 1:5.8 9.6°

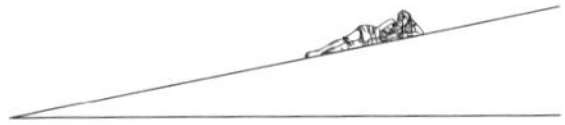

寝転がる
20% 1:5 11°

斜路付き階段の最大勾配
25% 1:4 14°

快適に座れる
33% 1:3 18.3°

外部階段の最大勾配
36.4% 1:2.7 20°

長時間座ることが困難
50% 1:2 26.6°

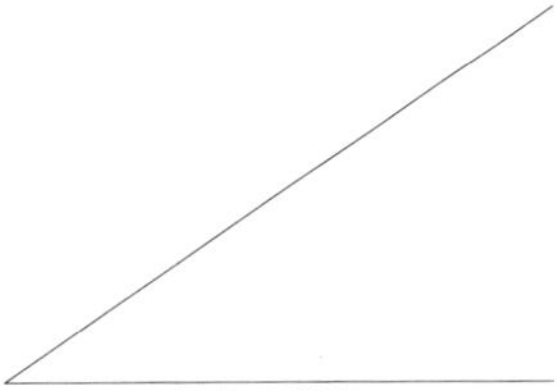

盛土（5~10m，砂質土）の標準勾配
50~55.6% 1:1.8~1:2 26~29.1°

住宅の最適な階段の勾配（30 ~ 35°）
公共施設の階段の勾配の上限（≦ 35°）
57.7~70% 1:1.73~1:1.42 30~35°

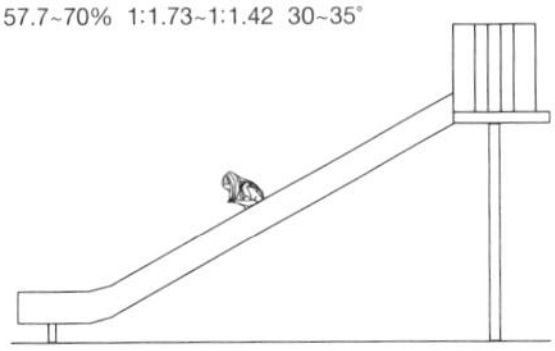

すべり台の降滑部の傾斜角度の上限
99.9% 1:1 45°

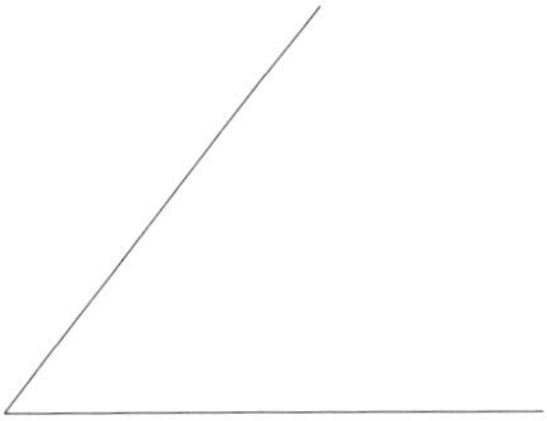

切土（5 ~ 10m，砂質土）の標準勾配
66.7%~83.3% 1:1.5~1:1.2 33.7°~39.8°

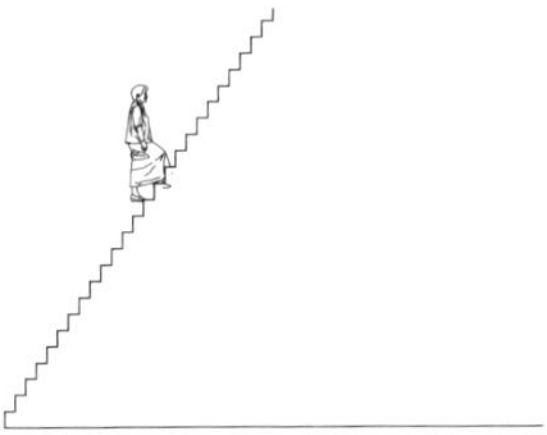

住宅の階段勾配の上限
153.2% 1:0.65 56.89°

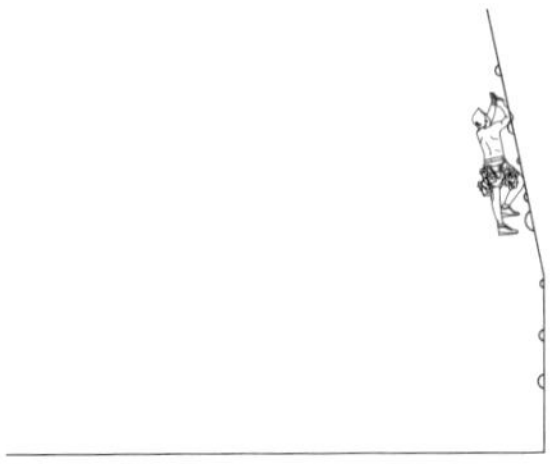

ボルダリング
90°~

# 風景にも表情がある

私の見ている風景はあなたの見ている風景とは厳密には違うだろう。心象風景という言葉があるように、最終的にそれは個人的な体験として受け止められるからだ。しかし同じ世界の中を肉体をもって生きている限り、私たちは私たちを包み込む眼前の風景と抜き差しならない関係をもっている。風景はただの背景ではない。人はつねに風景に対して、市川浩の言うところの〈自らの身〉をもって応答し、その繰り返しがそこだけの風景を生み出してきたのである。

寒々しい北の海の海岸、夏の高原、山間の小さな集落、茫漠とした大平原、賑やかな都市の界隈。世界には実に様々な風景があり、そこに日々の生活や営みが繰り返し応答し、それらは特有の「風土」という言葉で語られてきた。風土はそこで生まれ育った人にとっての原風景である。と同時に、個々人の主観を超えた人々の共有感覚によって風景に働きかけてきた結果でもある。

風景は表情をもっている。風土という大きな単位でなくても、風景はつねにある種の表情をもって出現する。私たちが人の笑顔にほっとし、厳しい表情に緊張するように、無意識にしろ私たちは風景に反応している。デザインするときはそのことに意識的でなくてはならない。そこだけの固有の風景を前にして、どういうかたちにしろ、より多くの人を誘う風景を成立させてみたい。それは風景との新しい出合いである。ランドスケープデザインとは、固有の風景がもつ表情を読み取りながら小さな原風景の種を仕掛けることでもある。

和辻哲郎
『風土』
岩波書店（一九七九）

1 遠野・荒川高原の放牧
2 バンクーバー島・流木が流れ着くトフィーノ海岸

1

2

# 風景は動きの中にある

たとえば朝から雨が降り続いていたとしても、いつかはあがり薄日が差し始める。風景は変化し続ける巨大な運動の渦中にある。昼と夜があるのはもちろん地球が自転しているためで、ほどよく季節が巡ってくるのは自転の絶妙な角度を保ったまま太陽のまわりを公転しているためである。雨があがった下総台地の縁にある自宅は、縄文時代には海の底だったらしい。ここに降った雨の一滴は台地の谷戸を伝って、いずれ江戸川から東京湾に注ぎ込むだろう。

長期にわたる巨大な動きの中に、大気は循環し、生物は進化・多様化し、動的な均衡としての生態系が生み出されてきた。そうしたなかで私たちは田畑を拓き、都市をつくり、生業をもち、政治のしくみを考え、ここまでやってきたのである。目の前に広がるこの風景はこのような膨大な数のレイヤーの、いまここだけの現れである。世界全体は止まることなく動き続けている。私たちがいるのはつねにその先端である。

デザインに可能なことはなんだろう。深層に横たわる抗いようのない大きな動きの上に、いまここにいる場所は時間としても空間としてもつながって存在している。まずそのことを自覚しながら、関わろうとしているその場所が、このレイヤーに自然なかたちでフィットするようにチューニングを試みることではないか。ランドスケープデザインの面白さは、動き続ける剥き出しの世界に向き合うところにある。流れや変化になるべくきれいに乗りたい。流れや変化そのものを場所の魅力としていきたい。世界の流れに乗りながら、これから生まれる場所がその流れに浮かぶ舟のようであったらいいなと思っている。

貝塚爽平
『東京の自然史』
講談社（二〇一一）

1 大雨直後の増水した江戸川

2 関係をチューニングして、そこに場所を浮かべる

1

2

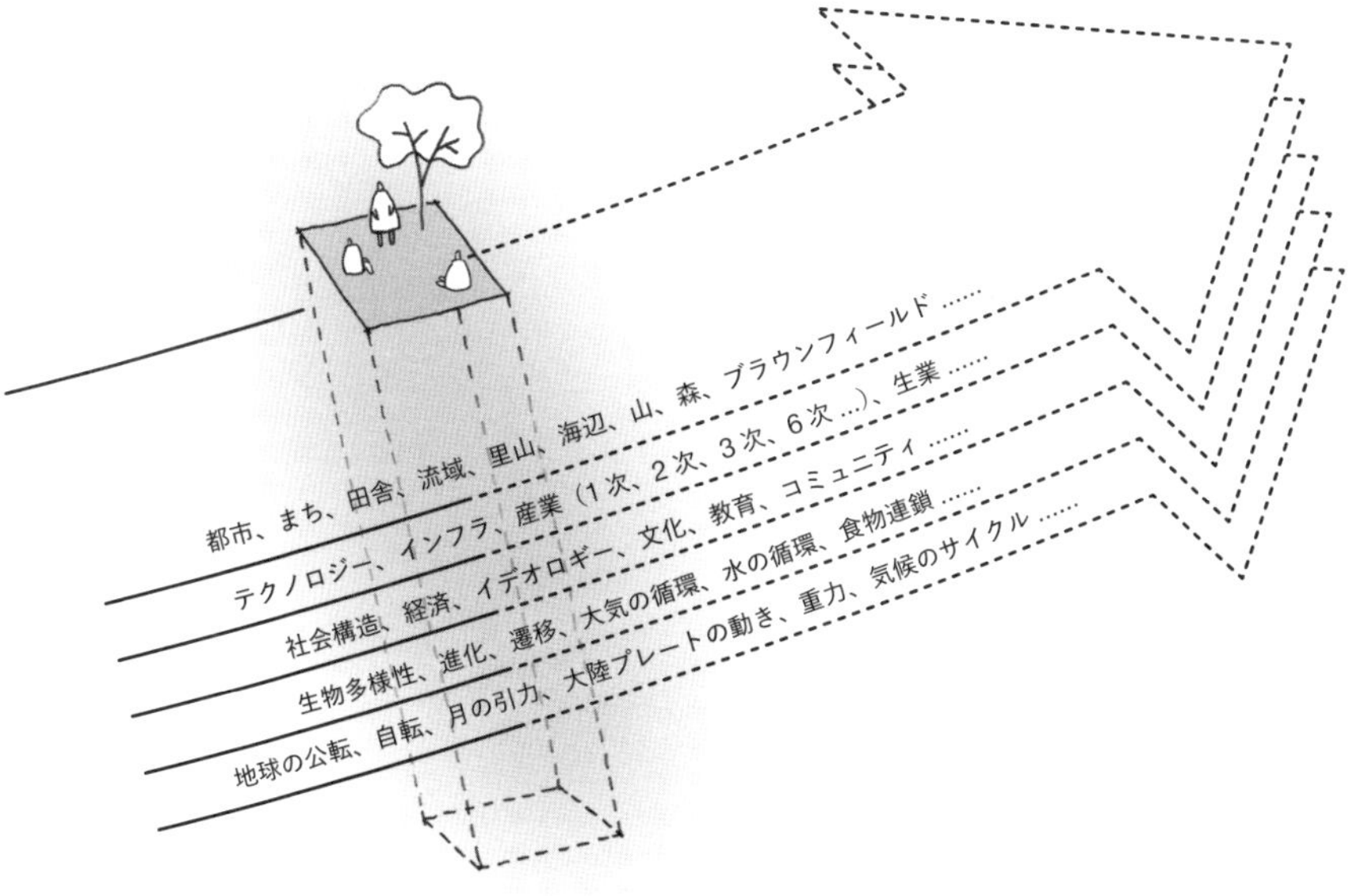
都市、まち、田舎、流域、里山、海辺、山、森、ブラウンフィールド ……
テクノロジー、インフラ、産業（1次、2次、3次、6次 …）、生業 ……
社会構造、経済、イデオロギー、文化、教育、コミュニティ ……
生物多様性、進化、遷移、大気の循環、水の循環、食物連鎖 ……
地球の公転、自転、月の引力、大陸プレートの動き、重力、気候のサイクル ……

# 風景は外側から発見される

ふだん暮らしているなかで、わざわざ目の前に風景が広がっていると改めて思うことはそんなにないだろう。すでにそこにある風景と、それに対して意識的に関わっていこうとするデザイナー的立場の出現の間には、「風景を発見する」というプロセスが必ずはさまっている。発見したときに初めて、風景は出現するのである。それはいままで住み慣れた環境を離れざるをえないとき、または新たな環境に向かわざるをえないときの、一種の欠落感が生み出すものかもしれない。

農村から都市に流出した都市住民によって農村風景は発見され、重工業時代を通過したポストインダストリアルな時代に工業風景が見いだされ、やがて「工場萌え」が生まれてくる。もちろん古代から権力の象徴として風景を所有するという思考や、内的意識の投影としての風景観というものは存在していただろう。しかし、私たちを包み込む全体像としての風景を確実に対象化し始めたのは、大雑把に言って近代以降のことではないか。

風景を外から見るということは、カテゴリー化するということでもある。カテゴリー化はメディアの発達によってさらに加速している。私たちには行ったこともないのに、すでに知っていると思っている場所がたくさんある。たとえば農村風景という一つのステレオタイプが流通し、枠にはめられた風景の標本、すなわち「オブジェ化された風景」を私たちは風景そのものと勘違いしていないだろうか。カテゴリー化、外部化は避けられない手続きである。しかし、表現型のその奥、深層に目を凝らしていかないと、次の時代の農村風景は見つからないのではないだろうか。

オギュスタン・ベルク、篠田勝英 訳
『日本の風景・西欧の景観』
講談社(一九九〇)

イーフー・トゥアン、小野有五、阿部一 訳
『トポフィリア』
せりか書房(一九九二)

東京湾のコンテナ埠頭

# 切り取られた風景

何かを切り取るとは、対象化するということである。それは、その外側に出ることでもあるが、同時に断片化するということでもある。風景は私たちを包む全体像として存在しているが、それを知ろうとした途端に切り取られ、断片化してしまうというジレンマに遭遇する。風景に限らず何にしても、知ろうとする、理解しようとするという行為の裏には、断片化という副作用が働くのかもしれない。まさに「名づける」という行為のように。

『東海道五十三次』の浮世絵は、55枚の切り取られた風景だとも言える。行ったことはないけれど、よく知っているつもりの有名な風景。そのものが鑑賞すべき価値として登場し、流通し始める。それは江戸時代が比較的治安が良く、旅が日常化していった過程とも重なっている。西洋画においても風景画というジャンルが登場し、「切り取られた風景」と「現実の風景」の間に微妙なズレが生じてくる。今後、仮想現実（VR）などが発展すれば、また状況も大きく変わってくるかもしれない。

風景が一つのオブジェとしての価値を持ち始めると、意識的にしろ無意識的にしろ、それらは特定の意味を帯びてくる。現在ではおそらく天文学的な数の、ごく私的な意味が込められた風景の断片がインターネット上に溢れかえっている。オブジェ化された風景が生まれる前は、私たちはそもそも風景という概念を知らなかった。対象化、断片化されることによって初めて風景の存在に気づくが、今度はそれが勝手に意味を押し付けてくる。さて、ランドスケープデザインの対象はもちろん現実の風景である。特に観光という産業においてオブジェ化された風景の存在は大前提であり、デザインはまずそれとの葛藤から始まることが多い。

澁澤龍彦
『胡桃の中の世界』
河出書房新社（二〇〇七）

ジョン・アーリ、ヨーナス・ラースン、加太宏邦 訳
『観光のまなざし』
法政大学出版局（二〇一四）

# 音と音楽のあいだのように

音はどこから音楽になるのだろうか。ずいぶん前になるが「セント・ギガ」という、衛星データ通信で地球の潮汐表に合わせて世界中の浜辺や森の音をひたすら流している番組があった。これがなかなか素晴らしくていまでもたまにCDで聴いているのだが、これらはまさしく気分としては音楽として聴いている。山やまちを歩いているとき、様々な音が私たちを包んでいる。ふだんは聞き流している音がふとした瞬間にチューニングがあって聴いてしまうときが誰にでもあるだろう。

音楽にも「聞く」と「聴く」の合間に漂っているものがいくつもある。作曲家のエリック・サティは演奏会でも聴衆がおしゃべりを続けていることを促したらしいし、ジョン・ケージの『4分33秒』はまさしく「聞く」を「聴く」に変換するための仕掛けとしての音楽であった。武満徹ももちろんその一人だろう。彼は「無限の時間に連なるような、音楽の庭を一つだけつくりたい」と語っている。ちなみに言葉もまた聴く音である。聴かれる音にはいつも受け手が存在しているし、語り手は受け手を想定して言葉を差し出している。

そんななか『世界の調律』という本で、サウンドスケープという言葉に出合った。そこで初めて、実は音にも「意図されずすでにそこにあるもの」と「意図して作り出されたもの」が存在し、それらはまさに多様に絡み合ってサウンドスケープという全体像をつくっていることを知った。ひとたびまちに出ればそこには音がひしめき合い、他方には完全に構築された音楽がある。ランドスケープデザインはサウンドスケープデザインと同じように、その狭間に浮かんでいる。武満徹が望んだように、私も世界という広がりの中に壁のない庭をつくってみたいと思う。半分世界に溶けたようなかたちで。

📖
マリー・シェーファー、鳥越けい子 他訳『世界の調律』平凡社（一九八六）

武満徹『時間の園丁』新潮社（一九九六）

鷲田清一『「聴く」ことの力』阪急コミュニケーションズ（一九九九）

クロード・レヴィ＝ストロース、竹内信夫 訳『みる きく よむ』みすず書房（二〇〇五）

# 神話の世界はすぐそこにある

神話はただの荒唐無稽なお話ではなくて、世界と私たちの関係に関する記述である。だからこそ、いろいろな異なる文化が類似の神話をもっているのだろう。学術的な分析はさておき、神話学者のジョセフ・キャンベルが言うように「神話は、宇宙の尽きることのないエネルギーが人間の文化的な現象に流れ込むときの、秘密の通路と言っても言い過ぎではない」と私も思う。だからこそ、私たちが見ている風景の中のあちこちに神話的な世界が口を開けているのだ。

バリ島のある寺院では、満月の日に聖なる泉で沐浴をするために大勢の人が集まってくる。泉は尽きることのないエネルギーの象徴であり、現実にも命の糧であり、定住の起点でもある。また方位や方角も宇宙的なエネルギーと現実世界を結び合わせる重要な要素である。寺院などの伽藍配置や空間構造と祭祀の関係、風水に基づく都市そのものの配置計画や都市に見いだす軸線への偏愛など、様々な異なる文化において神話の世界が都市や農村の成り立ちに顔を出している。

このような力はときにゲニウス・ロキという言葉で表現されることもある。それぞれの場所は固有の力をもっている。神話の世界は固有の風景の内に、まさにそこだけの土地の精霊（ゲニウス・ロキ）として現れる。科学的に記述できるか否かは別にして、それは実在する大きな力である。デザインはうまくその力を引き出すものでありたいし、願わくばデザインに関わった場所が、世界そのものの姿と一人の人間を結びつける秘密の通路でありたいと思う。大きな力の上に、私たちの日常が乗っかっている。


ジョーゼフ・キャンベル、倉田真木、斎藤静代、関根光宏 訳『千の顔をもつ英雄 上・下』早川書房（二〇一五）
クロード・レヴィ＝ストロース、大橋保夫 訳『神話と意味』みすず書房（一九九六）
ジョーゼフ・キャンベル、ビル・モイヤーズ、飛田茂雄 訳『神話の力』早川書房（二〇一〇）


1 紫波町・蜂神社の鳥居
2 バリ島・ティルタエンプル寺院での沐浴

1

2

# 関係性こそが意味をもつ

関係性というとなんだか難しそうだが、何かが二つ以上あればそこには関係が生まれている。ものが単独で意味をもつということはありえなくて、私たちは必ずものともの、ものと私自身、ものと私とその場所、などそこに生まれる関係性から意味を読み取っている。風景はそれらの関係性の膨大な束のようなもので、そこに一人のデザイナーとして参入し、新たなかたちを放り込むことの意味がわからなくてジタバタしていた時期がある。

そのころに出合ったのがたまたま友人からもらった箱庭療法の本であり、その内容に強い衝撃を受けた。セラピーの意義というよりも、その本に出てくる数々の写真と淡々とした説明に、である。決められた大きさの砂箱と、まったく無作為に集められ棚に並べられた数々の断片（人形や種々の模型など）たち。一人ひとりのクライアント（患者）がそれらの断片を組み合わせて作り出した一つひとつの場面は毎回少しずつ変化していく。治療過程のなかでその断片の位置関係が変わっていくだけで、砂箱の上の「場」そのもののありようが大きく変わっていくということには本当に驚いた。

これほどまざまざと関係性で場ができるということを実感したことはなかった。ランドスケープデザインとは、すでに存在している関係性の海に飛び込むことである。自分にできることはそこに断片を放り込み、または逆に何かを外し、あるいは断片同士の配置を再編してみることでしかない。ただしその行為は、そこからさきの全体像の変容をイメージしていなくてはいけない。逆に言えば、ありうべき全体像から、自分のやることを導き出すという態度が求められている。


📖
河合隼雄『箱庭療法入門』誠信書房（一九六九）
河合隼雄、中村雄二郎『新・新装版 トポスの知〔箱庭療法〕の世界』CCCメディアハウス（二〇一七）


1 箱庭をつくるための材料（玩具）（撮影：中村英良）

2 学校恐怖症・小学４年生・男（出典：ともに新・新装版 トポスの知〔箱庭療法〕の世界）

1

2

# 部分と全体

ずっと昔に読んだにもかかわらず、物理学者のヴェルナー・ハイゼンベルクの有名な著作のタイトル『部分と全体』という言葉がずっと気になって頭から離れなかった。気になっているのはもちろん量子力学の話ではなくて、「部分の総和と全体像とは異なる」というゲシュタルト心理学における概念についてのことである。だが彼とはまったく思考のレベルと次元が違うにしろ、その本で語られている彼の思索の根っことはどこかでつながっていくような気もする。

ハイゼンベルクの「私という部分が世界という全体像を本当に理解することができるのだろうか?」という問いを自分の仕事に置き換えてみる。「私という部分が風景という全体像をデザインすることがありえるのだろうか?」と。風景は膨大な数の部分から形成されている。家、道路、電柱、畑、看板、路肩の草、走り去る車など、数え挙げればきりがない部分の集積であり、たとえば家一つ見てもさらに細かい部分へと還元することができる。それでもなお、いまここにある風景はある表情をもつ一つの全体像なのである。

空間としての全体像を扱う一つのツールが「地《じ》」と「図《ず》」という概念である。そして風景とはまさに地の空間であるとも言えるのではないか。明確な対象物としての図ではなくて、あらゆる部分がひしめき動き続ける全体像、すなわち地の空間をデザインの対象とするとはどういうことだろうか。それは来るべき全体像をイメージしながら部分にさわっていくしかないのだろう。ランドスケープデザインのゴールは部分だけのデザインではなくて、そのことによって起こる、さらには起こってほしい全体像の変容にある。

ヴェルナー・K・ハイゼンベルク、山崎和夫 訳『部分と全体』みすず書房(一九九九)

ヴォルフガング・ケーラー、田中良久、上村保子 訳『ゲシタルト心理学入門』東京大学出版会(一九七一)

駐車場、まち、夕焼け

# 配置ということ

自立したもの同士の関係というのは、空間上においてはある「配置」として現れるはずだろう。人と人、人ともの、私と他者、ものともの、風景は実に膨大な配置の集積とも言え、それらが刻々と変化している。英語で言うと、まずディスポジション〈disposition〉があり、レイアウト〈layout〉という語もいけそうだ。精神科医で作家でもある中井久夫は著書の中でコンステレーション〈constellation〉という言葉を使っている。これはもともと星座という意味である。それに〈布置〉という語を当て、とある家族と医師としての自身の関係を見事に記述している。いずれにしても単位となる自立したものたちが集まって動くときの、意味をもった全体像のまとまり方を指している。

デザイナーの立場から配置を考えると、箱庭療法はまさしく配置が生み出す様々な関係について実に多くのことを語っている。現実世界に目を向けると、私たちが互いに世界の中に情報を探し、動き回る存在であることから、配置の関係はアフォーダンスという概念でも捉えることができる。また私たちが感情をもち、意志をもつ生物でもあることからパーソナルスペースやテリトリーという概念も有効だろう。行為の配置という考え方も存在している。

配置を考えることは、ランドスケープデザインにとって一つの、そして大きな鍵になると思う。なぜならば、それが部分から全体へのアプローチとなりうるからである。私たちは配置という考え方を通して、部分にさわることから風景という全体性の変容に関わることがようやく可能となる。私たちが提案できるものはほんの一つの部分だけかもしれないが、場合によれば一つの石を投げ込むだけで全体像は大きく変わりうるのである。配置という考えから見れば、その行為はつねに全体へと届いている。


天内大樹 他
『ディスポジション 配置としての世界』
現代企画室（二〇〇八）

ジェームズ・ギブソン、古崎敬 他訳
『生態学的視覚論』
サイエンス社（一九八六）

佐々木正人
『レイアウトの法則』
春秋社（二〇〇三）

ロバート・ソマー、穐山貞登 訳
『人間の空間』
鹿島出版会（一九七二）

中井久夫
『家族の深淵』
みすず書房（一九九五）

ケヴィン・リンチ、丹下健三、富田玲子 訳
『都市のイメージ』
岩波書店（二〇〇七）

# 自立と依存

真木悠介
『自我の起原』
岩波書店（二〇〇八）

風景を構成する要素はそれぞれ自立している。自然に存在するもの、人の手によるもの、すべてひっくるめて自立した存在だ。言わばそれ自身、図としての名前をもって存在している。生き物であれば当然主体性をもち、個とその周辺環境を区別している。ここで思うのだが、自立するとは一体どういうことだろう。固有の名前をもつだけではなく、他のなにものにも頼らずに存在し、それ自身で完璧に完結しているということだろうか。

世界が関係性の編み目でできている以上、決してそんなことはない。逆に自立しているからこそ依存が必要になるとも言える。万が一のときの依存先や依存手段が多いほど個人としての自立度が高い、という話を聞いたことがあるが、まさしくその通りではないだろうか。部分であることと部品であることは違う。自立とは周辺環境ときちんとした関係を構築できること、とも言い換えられるかもしれない。

すでにある風景の中になんらかの新しいかたちを挿入する。それはすなわち、新しいかたちがその場所にすでに居る自立した存在たちと新しい関係を求めるということだ。うまく依存できないかたちは、すでにそこにあるものたちの力を借りることができない。そうすると新しいかたちは圧倒的に弱い力しか発揮できないし、下手をすれば何もしない方がましだった、ということにもなりかねない。たとえば、私がある場所に提示しようと思っている複数の自立したかたち同士からなるデザインがあったとして、それら同士ですら互いに依存関係が結べないのでは、当然だがすでにそこにある環境と新しい関係を結べるはずもない。「デザインの中の要素が互いに互いを必要としているか」ということは、私の中ではとても重要なチェックポイントである。そのことには本当に自覚的であるべきだと思っている。

# 関係がかたちになる

京都の東福寺に作庭家の重盛三玲《しげもりみれい》が手がけた有名な禅庭がいくつかある。その一つが苔と石が作り出したごく単純な市松模様の庭である。ただし、この模様は動き続けている。苔は自らの意志をもっている一つの自立した他者である。条件が適していれば、彼らはどんどん石の上にもその勢力を伸ばそうとしてくるだろうし、いずれは石をも飲み込んで市松模様を緑の平面にしてしまう可能性をはらんでいる。それを阻んでいるのが庭師という存在である。庭師はもう一つの他者として庭に君臨しつつ、一方で苔との間の微妙な関係に取り込まれている。庭師であるためには庭が必要なのであり、この庭に囚われているという言い方もできる。この庭は明治時代につくられたものだが、もう何人の庭師がこの苔と石のせめぎ合いに関わってきたことだろうか。この小さな庭は、地球上で繰り広げられているあらゆる風景の生成と変容の縮図である。東山の風土の上に居る苔と石と歴代の庭師たち。これらをめぐる関係がかたちとなったものが、今日この日の市松模様なのである。

ふだん私たちが暮らしている世界で、日々目撃している風景も実はまったく同じである。より膨大な他者たちがそこに介在しているが、それぞれの特質や思惑が複雑に絡まりあった関係性の編み目が風景そのものである。その結果が都市の、田舎の、辺境の風景となり、北国の、南の島の、砂漠の風景の表情となる。その中では、デザイナーも庭師も一つの部分でしかないが、彼らはその関係性の海に自ら意思をもって飛び込む者である。飛び込んで泳いでみた軌跡が次の風景を生み出すきっかけになる。生まれるかたちを予測するために計画するが、計画もまた関係性の海に飲み込まれうることも覚悟しなければいけない。

今西錦司
『主体性の進化論』
中央公論新社（一九八〇）

エリッヒ・ヤンツ、
芹沢高志、内田美恵 訳
『自己組織化する宇宙』
工作舎（一九八六）

原広司
『集落の教え一〇〇』
彰国社（一九九八）

宮本常一
『空からの民俗学』
岩波書店（二〇〇一）

蔵本由紀
『新しい自然学』
筑摩書房（二〇一六）

京都・東福寺の市松模様の庭（夏と冬）

# 管理と手入れ

たとえば植物を対象に考えてみよう。「管理する」と「手入れする」。ずいぶんニュアンスが違うようだけれど実はけっこう似ていて、そこには対象をコントロールするという意志が感じられる。業務で公園の維持管理を請けていれば除草や伐採を淡々と遂行するが、丹精込めた庭に対しては同じことをしていても、管理するとは言わないだろう。片やある種の機械的な力の行使をイメージさせるのに対し、一方はペットのようなパートナーとして相手を捉えている。

やっている行為は似ていても、対象へのまなざしが違う。私たちはそのことにどれほど自覚的であるだろうか。大切な草花は可愛がり、慈しみつつも、一方で生えて欲しくない雑草たちは無慈悲に引き抜いてしまう。公園の樹木や街路樹に対して、そして大事な庭の植物に対して、私たちは権力者である。私たちの欲するようにそこの環境をコントロールしようと、力を行使している。しかし同時に他者である植物に対して深い愛情と知識がなければ、結局のところ、欲している環境を得ることはできない。

彼らとともにいる世界を欲しているのであれば、管理と言えども相手を理解しなくてはならない。逆に愛情のこもった手入れをしているつもりでも、どこかで彼らに対して力を行使していることを自覚すべきだと思う。ここで大事なことは、対象は植物だけではないということである。風景を構成するあらゆる他者に対して、私たちはコントロールしたいという力の行使の欲求に突き動かされている。管理者のまなざしなのか、手入れする庭師のまなざしなのか、その欲求はどこから生まれているのか。コントロールのさきに新たな関係性が見えているのか。ランドスケープデザインはそこから始めなければいけない。

ヘルマン・ヘッセ、フォルカー・ミヒェルス 編、岡田朝雄 訳『庭仕事の愉しみ』草思社（一九九六）

フィレンツェの庭師

# コントロールできないものへの憧れ

建築の原形がシェルターだとすれば、風景のそれは庭である。圧倒的に巨大でコントロール不可能な外の世界に対して、私たちは小さな庭を囲い、その内側でのみ支配者でいることができた。私たちが安全で居られる空間を確保し、気に入るように手を加えてきたのである。手にしていた道具はその後はるかに進化し、いまや山一つさえまるごと削り、川をせき止め、ナノレベルで物質をさわることすらできる。いま私たちは地球すら庭扱いしているのかもしれない。

自分たちの力が強大になったことを自覚したころ、逆説的に不思議な感情が芽生えてくる。18〜19世紀のイギリスで、ピクチャレスクという芸術全般に関わる運動の中から「サブライム」という考え方が生まれたのだ。コントロールできないものに憧れる。自分の小ささに喜びさえ感じる。そういう感情が私たちの中に生まれた最初の兆しがサブライムなのではないかと思っている。きれいだけでは片づかない、世界そのものへの興味の芽生え。畏れと楽しみがないまぜになった感情。

それはやがてアルピニズムや探検の流れとなり、大自然への憧れと征服欲が不思議と同居することになる。そしていま、ヨセミテは国立公園として保護とレクリエーションの対象となっている。ついこの間までは人間を寄せ付けない、文字通り私たちの住んでいる世界のずっとさきにあったはずだが、世界中の秘境と言われる場所ですらいまは観光の目的地である。しかしすべてがコントロールされてしまったら、私たちはそこに行かないだろう。コントロールできること、してはいけないこと、そもそもできないこと。コントロールという考え方はデザインにおいて重要な意味をもっている。大きな災害が起こるたびに打ちのめされる私たちが、つい忘れがちなことではある。



ニコラウス・ペヴスナー、鈴木博之、鈴木杜幾子 訳『美術・建築・デザインの研究 I・II』鹿島出版会（一九八〇）

ユタ州・キャニオンポイントの荒野に現れた雨の柱

# あるべきようにある

機会があるとよく言うのだが、私は「地球に優しく」という言葉がとても嫌いだ。優しくしてもらわないといけないのは人間だろう。地球は別に人間がいなくたって構わないし、いない方が余程ましかもしれない。こういう上から目線の言葉はやめたほうがいいとつねづね思っている。もうひとつ「自然」という言葉も安易に使われすぎているのではないか。英語で言う〈Nature〉だけではなく、自ずから然るという意味での自然。あるべきようにあるという本来の意味。私たちを含む様々な事象が互いに安定的、持続的な関係をもちえている状態もまた自然と捉えたい。

エコロジーはそのための科学であり、バランスを失った現状をあるべき状態に近づけようという技術でもある。すなわち人類生存のための学問体系がエコロジーの本質ではないか。私たちは特に近代以降、太古より続いてきた生態系を破壊することが可能な技術をもってしまった。技術はそういう側面ももっている。このさき、生きていくためには新しい自然、すなわちあるべきようを探していかなければならない。そのためにもまた技術が必要であり、それを扱う視点が必要である。

ランドスケープデザインでは特定の場所を通じて、その環境を共有する他者と出会う。そこで、小さな生き物から大きな地球規模の動きまで、いつも他者とともになるべく持続的に付き合っていける場所の成立を模索しなければいけない。もちろん人間の生活の場である限り、経済や政治、社会といった話も含めて、である。デザインを進めるなかで悩んだとき、いつも考えることは「その判断は理に適っているか?」ということ。経済的および社会的合理性、プロジェクトの要請と長期的合理性がそれぞれ両立し、同時にそこが場所として居るに値する場所になっているか。明確な答えはないが、それを考える。


河合隼雄
『明恵 夢を生きる』
講談社（一九九五）

ヤーコプ・V・ユクスキュル、ゲオルク・クリサート著、日高敏隆、野田保之 訳
『生物から見た世界』
思索社（一九七三）

デヴィッド・ジョージ・ハスケル、
三木直子 訳
『ミクロの森』
築地書館（二〇一三）

アンドレア・ウルフ、
鍛原多恵子 訳
『フンボルトの冒険』
NHK出版（二〇一七）


1 一千万人が暮らす都市・東京
2 北上山地の森の木道

1

2

# 場所を通して世界とつながる

場所は世界の中で「ここ」という感覚をもてる特定の位置、一種の特異点である。古来、泉や滝、磐《いわ》座《くら》や御嶽《うたき》など聖地として選ばれた場所もあるし、安全で水の得やすいところに集落として出現する場所もある。私たちが生きている拠点であり、認識している世界の根拠。もっと個人的な場所もある。ふりかえってみれば、様々な行為の記憶はつねに場所への記憶でもあるのではないか。どこにでも場所は生まれるが、その鍵はそこで何かしら私の「身」と世界との間で特別な関係が生まれているかどうかにある。

私たちがこの世界で生きていくためには、この場所の感覚が必要である。言わば場所を足がかりとして世界とつながることができる。たとえば祖国や故郷、あるいは自分の住んでいるまちの一角も場所である。そして人文地理学者のイーフー・トゥアンの言う通り、場所への深い無意識の愛着はその場所を取り囲む固有の風景と強く関係づけられている。場所はつねにそこを取り巻く風景とともに立ち現れる。風景は単なる背景ではなく、場所性の根幹である。

もちろん場所とは生まれ故郷やわがまちだけではない。何か出来事が始まるとき、あるいは誰かとの関係や取り囲む風景との関係がそこに感じられるとき、そこには場所が生まれている。その感覚をはっきりともてるほど、私たちは世界という海にアンカー（錨）を降ろすようにより一層そこに居ることができる。デザイナーが場所そのものをデザインするわけではないし、することもできない。場所が生まれる契機を準備するだけである。それが多くの人に受け入れられれば、おのずと人の数だけそこに場所が生まれてくるだろう。

イーフー・トゥアン、山本浩 訳
『空間の経験』
筑摩書房（一九九三）

那須郡・旧馬頭町の田んぼ

# 世界を見るための窓

日ごろ通っている道の途中で急に空き地ができたとしよう。さて、以前はそこに何がどのように建っていたのか。毎日見ていたはずなのに案外思い出せないのではないだろうか。桜の木でも花が咲いている間はみんな大騒ぎするが、あとの360日ほどはいたって無関心な人が多い。世界はあまりにも多くのものから成り立っており、風景は刻々と変わっていく。実際のところ、私たちは身のまわりの風景を見ているようで見ていないのだ。近ごろはほかにも目を引く媒体が多くなり、私たちはより一層直に世界を見ることから遠ざかっているのではないだろうか。改めて現実がもつ強さを指し示そうとしたのがシュルレアリスムの作家たちであった。

もちろんつねに世界を100パーセント見ることはできるはずもなく、試みてみるだけで頭がフリーズしてしまうだろう。しかしそれでも、きちんと世界のありようを見ようとし、その全体像をイメージすることはこれからの時代にこそ、より大事なことであると思う。その視点なしに、グローバリズムや都市間競争、またはエコロジーやコミュニティといったことを語ることはできないはずである。

土地には本来、力がある。それはたとえばゲニウス・ロキという言葉ではるか昔から言い伝えられてきた。土地の力を借りながら世界に視野を開くため、多くのアーティストやデザイナーがそれぞれに試行錯誤してきた。それらの場所はみな、世界をもう一度見るための窓である。世界を見るためには、まず落ち着いてまわりを感じられる場所があること。そしてそこでしか得られない場所の体験があること。どんなにささやかな場所でも、そこに開いた窓を通して大きく広がる世界を感じることができる。ランドスケープデザインの仕事もその一端になりたいと思う。

巖谷國士
『シュルレアリスムとは何か』
筑摩書房（二〇〇二）

三浦半島・小網代の森のボードウォーク

# 庭という場所

世界に最初に出現した場所が楽園としての庭なのではないだろうか。生きていくために必要な場所としてのシェルターとは異なる、世界の入れ子ではあるけれど安全にコントロールされた場所。シェルターは世界から完全に切り取られた箱を目指すのに対して、楽園は言わば世界の中に浮かぶ島である。不快なもの、危険なものを注意深く排除しつつ、楽園のその中身は、その外の世界と同じもので構成されている。

そしていまに至るまで、庭は楽園の末裔である。そこは私たちが居られる場所であり、ランドスケープデザインの基底にはずっとこの庭があると思っている。その対象は小さな庭を囲う壁や塀を越えてその外にも大きく広がっている。いまや都市や農村という生活の場も一つの庭であり、かつては畏れや恐怖の対象であった深い森ですら、国立公園という一種の庭的空間に組み込まれてしまった。最終的には地球をも一つの庭と見る視点も生まれているのではないだろうか。

そういう大きな庭はなかなかそうとは気づきにくいかもしれない。しかし、自分がいま手入れをしているこのささやかな庭は、実はもっと大きな庭とひと続きにつながっていると想像してみよう。庭は手を入れた自然とも言える。その中ではいろんな応酬が目まぐるしく行われている。人は植物を自分が思うように管理(手入れ)しようと思うし、植物は自分の思い通りに育とうとする。ジル・クレマンの言う〈動いている庭〉はその合間に新しい姿を探す試みである。私たちは現在進行形のその新しい姿を、より大きくより複雑な世界の中に見いだしていかなくてはならない。彼の庭は動き続ける世界の比喩であり、縮図である。

📖
川崎寿彦
『楽園と庭』
中央公論社(一九八四)
ジル・クレマン、
山内朋樹 訳
『動いている庭』
みすず書房(二〇一五)
ジャック・ブノア=メシャン、
河野鶴代、横山正 訳
『庭園の世界史』
講談社(一九九八)

京都・相楽郡和束町の茶畑

# 浮かび上がる場所としての庭

改めてつくるまでもなく、見つけ出される庭もある。庭とは単に物理的に居られる場所だけではなく、私たちが特別な意味を見いだす（見いだしてしまう）場所でもあるのではないだろうか。世界の中の特異点として、おのずと浮かび上がってくる場所。動き続ける世界の中で、ふと世界そのものが特異点となる瞬間。庭がもはや壁を必要とせず、あらゆる場所が居場所になりうるこの時代において、ますますそういう庭が増えている。

山、海、滝、森、泉、名づけられた風景の各要素はもともと私たちの居場所そのものではないにしろ、生活と密接に関係する世界の一部である。それにしても、日本人の名字は本当にランドスケープだなぁ、といつも思う。話を戻そう。これらの中でも特に顕著なものは太古の昔より宗教的な特異点となり、近代以降はサブライム的体験を求めてレクリエーションの対象ともなってきた場所も多い。こうして風景の一部はより具体的に発見され、私たちの庭の一部として、生活の中に組み込まれていくのだろう。

一方で束の間だけ浮かび上がる庭もある。稲妻は神話的世界では神々の圧倒的な力として現れる場合が多い。ウォルター・デ・マリアの「ライトニング・フィールド」は荒野に突如出現した稲妻の庭である。彼の建てた400本のステンレスポールは庭を生むための媒体だとも言える。鑑賞者は雷の一撃をひたすら待つ時間を通して、実は刻々と移りゆく荒野の風景の中に神話的な庭を体験する。ところで現象としての庭はつねに私たちのまわりにもたくさんあり、雨や虹、夕焼け、落ち葉など、ささやかであってもその訪れはいつも心のどこかを高揚させる。ちょっとした媒体の設《しつら》えで、その体験を場所の体験へとつなげることができないか。束の間だけ開く、世界を見るための窓である。

ジョン・バーズレイ、三谷徹 訳『アースワークの地平』鹿島出版会（一九九三）

ガストン・バシュラール、岩村行雄 訳『空間の詩学』筑摩書房（二〇〇二）

虹の足もと

# コミュニティという場所

ものすごく大雑把に言うと、コミュニティとは群れの単位だと思っている。家族という単位を生み出した私たち人類は、さらに村、都市、国、または学校、会社、趣味のように複数のコミュニティに同時に属している。広井良典が言うように、私たちは個人と集団全体との間に重層的な集団を幾重にも構成している。一つの群れが内部との関係と外部との関係を同時にもち、しかも一人ひとりが複数の群れに属している。

そうやって考えると、いまの社会の中で私たちはなんと複雑な群れで動いていることだろう。人の動きはさらに流動化し、二拠点あるいは多拠点で生活する人も増えている。インターネット上でも様々なつながりが生み出され、物理的な接触なしにコミュニティが成立している。しかしよく考えてみれば、私たちはいままでだって、たとえば国という群れに属していることをどれだけ身体感覚を伴って実感していただろう。コミュニティ（群れ）のありようはつねに発展途上にあり、現実にイメージが追いついていないのはいまに始まったことではない。

そこで「場所」である。場所の感覚がこの世界で生きていくための足がかりであり、それは風景の中に出現する。コミュニティが生まれるとき、そこには共有できる場所が存在し、共通の風景が存在するはずだ。個人に場所が必要なように、群れもまた場所を必要とする。ただし、それは釘づけされた地縁だけの場所ではない。あらゆるところにあらゆるタイプのコミュニティが存在し、つねにその内部と外部の関係が流動化しているいまの時代。どのようなリアルな場所が必要とされているのだろうか。旅人もまたコミュニティの一員である。

広井良典
『コミュニティを問いなおす』
筑摩書房（二〇〇九）

山崎亮
『コミュニティデザイン』
学芸出版社（二〇一一）

山崎亮、長谷川浩己 編著、
『つくること、つくらないこと』
学芸出版社（二〇一二）

震災後復活した陸前高田市今泉地区のけんか七夕

# 地としてのふるまい

ふるまいにも地と図がある。私たちと環境との間で生まれるポジションの取り方、行為の内容、それらは実に様々で、私たちの日常は文字通り無数のふるまいで満ちている。そもそも私たちのふるまいは歩く、座る、食べる、寝る、しゃべるなど、ごく単純な行為からなっているはずであるが、実際にはかなり複雑な様相を呈している。住宅、オフィス、図書館、病院、車道、歩道、駐車場などのように、どうしても世界は合目的的に整理され、日々細分化される傾向にある。

社会の複雑化はますます特定の場所（施設）を生み出し、特定の個別化された行為へと分割されてきた。図のふるまいは、その意味では社会的人格として何かしらの役割をもった個人がとる行動なのかもしれない。それは必要なことだが、図のふるまいだけでは私たちの生活は一連のつながりをもつことができない。いま建築の分野でも土木の分野でも、その行き過ぎた細分化・特定化に対して修正する動きが出てきていると感じている。それは地のふるまいという潤滑油なしには、特定の行為も成立できないのだという認識が改めて生まれてきたせいだろうか。

地のふるまいは、もともとランドスケープデザインが対象としている開かれた空間、流動的で曖昧であることが前提の空間において、より顕著に存在する。図から始まりその解体を目指すのか、あるいは地の中から生まれておぼろげな図としての行為が浮かび上がるのか。いずれにしても、こういったグラデーションの豊かさこそが本来の生きていける場所の特性である。そこでは、たとえば座るという単純な地のふるまいの中にも何百通りものバリエーションがあり、食べる、しゃべる、眺めるなど、ほかのふるまいとなめらかに溶け合っているのである。

バーナード・ルドフスキー、平良敬一、岡野一宇 訳『人間のための街路』鹿島出版会（一九七三）
ヤン・ゲール、北原理雄 訳『人間の街』鹿島出版会（二〇一四）
芦原義信『街並みの美学』岩波書店（一九七九）

座るというふるまいの豊かなバリエーション

# 一人でも居られる場所

一人で居られると言っても部屋の中ではなくて、より開かれている公共の空間の中に一人で居るということである。言葉を換えれば、その場所を包みこむ風景の只中に、一人で居ることとも言える。その体験はなんと贅沢なものではないだろうか。風景の中に居るということは、実は世界を共有する膨大な他者とともに居ることである。彼、または彼女がその場所で世界とのつながりを感じることができれば、それは孤立とは無縁の場所のはずである。

いろんな仕事に関わっているとよく「にぎわいの創出」という言葉が出てくるが、それをいつも複雑な思いで聞いている。にぎわい以前に、まず一人で居ることがつらい場所をつくらないこと。このことをもっと真剣に考えたほうがいい。無理やりなにかでにぎわいをつくっても、それは一度打ったらやめられない禁断の麻薬でしかない。一人で居ることが可哀想に見えないこと。その場所に誰かが一人でいるという風景が、むしろ羨ましく見えること。人が集まる場所をつくりたければ、まずそこが基本だと思う。にぎわいは人の数では決まらない。

そうは言っても好きで一人で居ることと、放り出されて一人で居ることのギャップは大きい。公共の場所で孤立しないためには、かたちのデザインだけではできないこともたくさんある。それでもなお右に述べた基本が成立していない場所は未だに多いし、ランドスケープデザインにできることは無数にある。良い場所は無理に呼び込まなくても、人を誘うことができる。そして人が人を誘い、その場所にコミュニティや都市が成立する。そこを足がかりにして、さらに異なる場所へと旅に出ることができるのである。

パリのアンドレ・シトロエン公園

## 見えない閾《しきい》のグラデーション

地の空間としての風景の中を動いている限りは、どこかに行き止まってしまうことはないはずである。それはまさしく基盤としてあまねく世界をカバーしており、原理的には私たちはどこにでも行くことができる。しかし、ことはそんなに単純ではない。一つは地と図の関係はつねに流動的に動いているからで、もう一つはそもそも目には見えない閾が無数に張り巡らされているからである。

国境は恣意的に引かれた目に見えない線で、そこを渡るには特別の資格や許可がいる。時には巨大な壁として出現する国境は最もわかりやすい閾だが、ふだん暮らしている世界にも、ほとんど気がつかないようなささやかな閾は無数に存在する。たとえば神社の鳥居をくぐれば、そこでのふるまいは外側の世界とは違ってくる。公園も道路もそれぞれの管理者がどこかにいて、ルールに従わないものは排除される。コンビニにはあまり閾を感じないけど、高級なブティックはなんとなく気後れする。高級ホテルのロビーでの待ち合わせには、さすがに短パンでは行きにくい。

地の空間とはすなわち一種の公共空間だが、だからといって公共空間（オープンな空間）とは誰もがどこにでも行けることではない。公共とプライベート、オープンとクローズドの間には神話や政治から、経済、管理といった無数のグラデーションが幾重ものレイヤーとしてある。身体的能力という点から見ると、それはバリアフリーやユニバーサルデザインの問題でもある。デザイナーの立場とすれば、プロジェクトの敷地やプログラムにかかっている閾の存在は場所の個性でもある。違っているけどつながっている、そういう世界が豊かな体験をもたらしてくれる。

北九州市小倉地区・長崎街道の道切り

# 公共空間としての地の空間

風景を所有するという考えはちょっと想像しづらい。当たり前のように私たちの眼前にあり、切れ目の入れようもない風景。宇宙飛行士の「宇宙から見る地球の姿に国境など見えない」というコメントを度々目にするが（自分もその風景を見てみたいという思いはさておき）、風景は私的所有を超えて全部つながっており、世界の共通の基盤となっている。ありていに言えば、風景とはすなわち公共空間なのではないだろうか。

ゲシュタルト心理学の地と図の概念から言えば、風景はまさしく地の領域に属している。白い紙に黒い点、という単純な図式ではなくて、無数の図がひしめき合って、その総体が風景という地の空間としての公共空間を構成している。ここでの公共空間とは哲学者のユルゲン・ハーバーマスが言うような理念的な〈公共圏〉、合意形成のなされたみんなの空間とはちょっと違っていて、もっと原初的な、身体的な感覚としての地の空間としての公共空間をイメージしている。

地の空間は私たちの存在の基盤であり、私自身と他者、そして世界とをつなぐ大前提となる。それは誰のものでもないし、どこにも帰属しない。そもそも渡り鳥には国境も私有地も存在しない。ばらばらに分断された世界観に条件づけられた私たちは、一層意識的にそのことを自覚しなければならない。コモンという考え方も、このような地の空間としての公共空間をイメージすることで少し違って見えてくる。私有地もコモンも地の空間上に描く図の描きようの違いだけなのかもしれない。

ユルゲン・ハーバーマス、細谷貞雄、山田正行 訳『公共性の構造転換』未来社（一九九四）

ジェイン・ジェイコブズ、山形浩生 訳『アメリカ大都市の死と生』鹿島出版会（二〇一〇）

1 ブータンの農村
2 上空から俯瞰した東京

1

2

# オフィシャル、コモン、オープン

改めて、公共〈public〉とはなんだろうか。公園や広場がみんなの場所としての公共空間である、ということには誰も異論はないだろう。しかし、みんなの場所である公園を所有・管理して、様々なルールや制限を課しているのもまた公共である自治体である。そもそも、みんなとはどこまでを指すのだろうか。地の空間としての公共空間とは別に、群れで行動する私たち人間社会の様々な関係性から生まれてきた意味での公共という言葉は、いまひとつあいまいである。

その理解を大いに助けてくれたのが政治学者・斎藤純一による「公共性」という言葉の解説であった。そもそも日本語の公共性には三つの意味が重複していたのだ。国家に関する公的なオフィシャル〈official〉、人々の共通理解や行動に関するコモン〈common〉、そして誰に対しても開かれているという意味のオープン〈open〉である。地の空間としての公共性は、オープン〈open〉に近い存在ではないだろうか。

ランドスケープデザインのフィールドである地の空間は、その成り立ちからして本来的にオープンな存在である。しかし実際には様々な所有者や管理者がいて、「みんな」を指すときの射程距離が違っていたりする。これらを混同すると厄介なことになる。しかし視点を変えてみると公共という存在が実はのっぺりとした単一の均質空間ではなくて、とても豊かで魅力的な、バリエーションに富んだ空間だということに気づくだろう。公共性の様々な色合いは、そこに生まれてくる場所の性格に大きく関わってくる。

齋藤純一『公共性』岩波書店（二〇〇〇）

# 招く－招かれる

私たちはいつから土地を所有するという考えをもつようになったのか。農耕文明の始まりがその契機かもしれない。が、土地に限らず財産を所有するという概念は現代社会の隅々まで浸透し、いまさらその概念を否定すれば、国家という考え方すら崩壊してしまいかねない。しかし、目の前の風景がそもそも所有不可能で誰にでも開かれているものであるように、土地もまた細分化し所有するという概念が本当はなじみにくい。土地は社会的共通資本であり、まさに地としての基盤である。

そのギャップを埋める一つのアイデアがコモンだと思う。所有しつつ共有する。個人を超えた集団のために共同で責任を負い、関係する全員が受益者となる。さらにもう一つ考えられるのが贈与の関係、または交換の関係。文化人類学者のマルセル・モースが様々な事例を語っているが、ものだけではなくて場所の贈与関係を「招く－招かれる」という行為で表すことはできないだろうか。所有を明確にした上で、互いに招き合い、訪問し合うということである。

これは公共空間の話である。先に述べた通り、土地に本来区切りはない。公園や道路のように公的に所有されている空間だけがみんなのために存在しているわけではない。私有地であっても互いに招き合い、訪ね合うことができれば公共の空間はもっと豊かに広がるだろう。高密度の都市空間に導入された公開空地とは、実はそういう空間であるべきではないだろうか。所有は独占とは違う。特に都市部において互いの私有地を開くことで、飛躍的にバリエーションが豊かな公共空間が生まれるだろう。これも閾のグラデーションである。もちろんそこでは客人は相応のふるまいを求められる。了解した人だけを招き入れればいい。何をしてもいい公共空間など最初から存在していない。

マルセル・モース、吉田禎吾、江川純一 訳
『贈与論』
筑摩書房（二〇〇九）

# 場所を共有する

本来私たちは、特定の場所で特定の行動だけをしているわけではない。読書、仕事、会話、食事、何をとってもかなりの比率で複数の事柄を同時にやっているのではないだろうか。子どもを遊ばせながら本を読んだり、おしゃべりしながら一緒に勉強したり、天気がよければ公園にランチに出かけたり。このような「〜しながら」というあいまいな状況を受け入れるのが地の空間であり、言葉を変えれば公共空間とも言える。

公共空間はオープン〈open〉で誰にでも開かれている。だが、もちろん自分だけの場所ではない。そこでのふるまいは一定のパブリックマインドを要求されるのである。人々はそれを(暗黙知として)知ってそこに集まり、個人的な趣味に没頭し、時にはともに一つのイベントに参加する。このとき、公共空間は一種の器となる。出来事が生まれ、互いに共振するための器である。都市において「人が人を呼ぶ」というのはまさしく事実である。そもそも都市の成り立ちが集まることにあったとすれば、場所を共有するという行為は私たち自身に深く根ざす普遍的な行為なのだろう。

ここで一つ重要なことがある。世界は他者との関係性の編み目からできていて、そこにランドスケープデザインが対象とするフィールドは開かれている。そうである以上、共有するのは人と人の間だけではなく、人の居場所と自然との関わりも大きな問いとなってくる。共有を共存と言い換えれば、デザインの目的がまた違ってくるだろう。ドイツのエムシャーパーク構想で謳われた「インダストリアル・ネイチャー」などはその一つの態度かもしれない。パーソナルスペースやテリトリーの概念など社会心理学的な研究から生態学的なアプローチまで、場所に対する認識は日々拡張を必要としている。

エドワード・T・ホール、日高敏隆、佐藤信行 訳『かくれた次元』みすず書房(一九七〇)
永松栄『IBAエムシャーパークの地域再生』水曜社(二〇〇六)
今西錦司『進化とはなにか』講談社(一九七六)

ロンドン・テムズバリア公園の木陰

# 場所に出合う

地の空間は移動のときに使う空間である。と同時に、特定の機能を果たすための閉じた図の空間では提供しえない、膨大かつ曖昧で流動的な活動の舞台でもある。私たちはその中を回遊しながら世界を体験している。実際に自分の行動を振り返ってみると、移動のみならずむしろ地の空間で過ごしている時間の方が多いくらいかもしれない。と言うよりも、もしも閉じた空間で過ごす時間が長いということであれば、世界を体験する機会がそれだけ少ないということで、せっかくこの世界に居るのにもったいない。

さて、私たちは地の空間をつねに泳ぎ続けているわけではない。そこには無数の止まり木のような場所があり、束の間から比較的長い時間まで思い思いの時を過ごしている。こういうイメージもあるかもしれない。地の空間の中の場所とは、海を泳いでいるときに出くわす冷たい水の領域のようなものであると。一見ひとつながりの空間に見えるが、実は様々な場所がゆるやかに接しながら互いにつながっている。

ある広場はある人にとってはお気に入りの、わざわざ選んでいく場所かもしれない。しかしそれが開かれている限り、その広場は多くの人にとってたまたま出くわす場所なのである。ランドスケープのデザインは、その意味で料理やファッションのデザインと異なっている。移動の空間そのものから止まり木の場所までデザインの対象は様々だし、その区別すら曖昧である。しかし風景のデザインに関わるということは、人は図らずもそれに出合ってしまう可能性があるということだ。好きなシャツでなければ買わなければいい。風景はそういうわけにはいかない。そのことは肝に銘じておかなくてはいけないことだと思っている。

ラオス・ルアンパバーンを流れるメコン川沿いの階段

# 風景は資産である

風景は日々暮らしている世界そのもので、私たちの存在を支えている最も重要な基盤である。かつて、私たちはなんらかの風景の中にいたはずだが、それを意識することは稀であった。現代の私たちは慣れ親しんだ風景の外側に何度も飛び出し、客観的に眺めることで初めてその価値を発見した。さらに、たとえ行ったことがなくても、見たつもりになっている風景は星の数ほど知っている。

そのことで私たちは風景のうわべだけをなぞっているのではないか。かつては限られた素材、技術、情報によって、ヴァナキュラーな（土着の）風景が構成されてきた。多くの場所が世界遺産や有名観光地となり、たくさんの人が詰めかけているが、現状はどうだろう。皮肉にも知ってしまったことがむしろ知る前の風景を壊しているのかもしれない。観光地に限らずとも、自分たちのまちの風景に誇りをもっていると言えるだろうか。使い勝手のいい素材や便利で安価な技術がじわじわと風景の価値を落としていないだろうか。そもそも風景に価値があるということを私たちはきちんと認識しているのだろうか。

経済学者の宇沢弘文は上下水道、電力、公共交通機関などの社会的インフラと同時に、教育、医療制度とともに土地、大気、水、森林などの自然資源や農村、里山のシステムなどを社会的共通資本として認識し、これらこそが持続的、安定的な社会に欠かせない要素だと語っている。これにならえば、風景もまた社会的共通資本と言えるだろう。何が共有されるべき風景なのか、どこに価値があるのか、他の資本に比べてわかりにくい面も多々ある。次の時代の風景とは何だろう。風景に関わるすべての動きはその答えを探る試みでありたい。いまや（実はずっと前から）風景もまた経済循環の中にある。

宇沢弘文
『社会的共通資本』
岩波書店（二〇〇〇）

佐藤仁
『「持たざる国」の資源論』
東京大学出版会（二〇一一）

バリ島のヤシの並木道

DK 4839 KR

# 空き地の力

主に都市内で家屋や施設が建っていない場所をオープンスペースとして見れば、それらは水のように都市を浸していることに気づく。オープンスペースは大きく二つに分けられるのではないだろうか。「できてしまった空間＝空き地」と「計画された空間」である。実際の様々な空間はきれいにこれらに二分されるわけではなく、この二極の間にグラデーションのように存在している。

空き地はとても魅力的な存在である。ぽっかりとできてしまった意味づけされていない空間は、いろんな出来事が生まれる器になれる。空き地は暫定的かつ曖昧な空間で、無地であるためにパッと色をつけやすく、機能の束縛からも自由であるため様々に解釈することができる。できてしまった空間には空き地の力が働いていて、計画された空間がもてない不思議な魅力があるのだ。同時に計画された空間も空き地になるときがある。たとえば道路をふさいで神輿が通るひとときの間、道路は計画された空間であることをやめて、空き地の力を発揮しているのである。

こういうことも言えるだろう。空き地の魅力は計画された空間があってこそ、その反転として魅力をもつのかもしれない。そもそも公園や広場などは機能に対して名づけられた名称ではない。空き地と同じく器であり解釈可能であるが、しかし無地ではない。どんなに計画されたオープンスペースでも空き地の力は働いているし、計画されたがゆえの魅力が存在する。デザイナーは二極の間のグラデーションをデザインしなくてはならない。空き地の力が存在することを念頭に、デザインし計画することでしか得られないそこだけの場所の体験とはなんだろうか。世界をより豊かに回遊するために、ランドスケープデザインがある。

祭りの出番待ち会場となった駐車場

橋本組

# 風景は私たち自身でもある

風景は忘れがたい生まれ故郷や住むまちのアイデンティティと結びつき、私たちの存在のよりどころとなる。また、時間とお金をかけてわざわざ見に行く観光資源にもなる。風景には重要な資産価値があることは明らかだろう。しかし、なぜそれらが存在のよりどころになり、そこへ行きたいという衝動を駆り立てるのか。それは風景とはその場所で渦巻く関係性の総体であり、私たち一人ひとりが否応なくその渦の中にきっちりと組み込まれているからだろう。風景とは私たち自身でもあるのである。

ところで正しい風景や良い風景なんてあるのだろうか。正しい私たちや良い私たちが想像できないように、おそらくそういう理想形は存在していない。ただ、より持続的で安定した関係がより魅力的な風景をつくるのではないだろうか、という仮説は成り立つだろう。私たちの生活が持続的で安定していることと風景の魅力は連動しているはずである。里山とはその一つのモデルである。世界中に異なる表現型やシステムをもつ里山モデルがあり、今日でも多くの人を惹きつけている。

こうした関係性の基盤にあるのが生態系だろう。風景を統合された身体としてみれば、そもそも健康な身体でなければ持続的、安定的ではいられない。生活、文化、政治、経済すべて生態系の上でまわっている。その意味では風景が経済循環の中にあるというよりは、風景の中に経済も組み込まれているとみる方が適切かもしれない。相対的に人間の関与が小さかった時代は、里山というモデルはおのずとつくりやすかった。それが一番楽だったからだ。いま私たちの力は、生態系の中である意味突出していて、自分たちの健康の鍵を自分たちで握ってしまっている。だからこそ風景を共有の資産として意識的に見なければならない。都市も含め、これからの新しい風景のモデルを自分たちで見つけるために。

📖
西村佳哲
『ひとの居場所をつくる』
筑摩書房（二〇一三）
石川幹子
『都市と緑地』
岩波書店（二〇〇一）

富山・氷見の里山

# 思考からデザインへ

ここまでは「思考」という側面から風景を見てきたが、ここからはもう少し「デザイン」という側面から見ていきたいと思う。切れ目なく連綿とつながっている風景は私たちみんなにとっての共通の基盤、インフラストラクチャーである。私たちの生活の基盤であり、生きている世界を認識し自分自身に立ち位置を与えている根幹である。当たり前のようにそこにある、まさに存在の地である。風景はつねに、すでにそこにある。私たちが何かしようがしまいが、それはすでにそこにある。同時に様々に変化し動き続ける風景は、多くの自立した他者たち（私たちにはコントロールしきれない様々な力）が錯綜しつつも互いに干渉し合っているリアルな現場でもある。

これらのことは、何よりもランドスケープデザインにとって決定的な特徴である。だから私たちが風景にとれる態度は創造とか構築ではなくて、参加または変容なんだろうと思っている。基盤、他者、参加といった言葉から連想されるように、風景はまさに公共空間として存在しているとも言い換えられるだろうか。庭、リゾート、商業施設、大学キャンパス、まちなみ、または広場や公園、そして都市そのものといったすべてがデザインの対象だが、そこにあるのは公共性のグラデーションだけであり、可視、不可視の様々な閾が存在しているだけである。個と社会の関係を立脚点とする近代以降の公共性という概念とは少し違うイメージかもしれないが、そういう風に風景を見てみることも可能だと思っている。

なんだかランドスケープデザインというのはつかみどころがないなぁと思われるかもしれない。単純に言ってしまうとランドスケープデザインとは「私たち、または私たちの暮らしを、風景という大きな基盤にきちんと接続させるためのデザイン」または「風景を構成する膨大な他者たちとの関係を模索するデザイン」なんだろうと思っている。そういう文脈の中で、コミュニティの問題も、エコロジーの問題も、様々な都市問題も、私たちはこれからどこに住むのか?という問題も、これらの問いが一つひとつのプロジェクトの背後に対象として浮かび上がってくる。それらは建築はもちろん、土木分野の問題でもあり、政治や経済、社会の問題でもある。それらを互いにつなぎつつ、その場所に本当にふさわしいかたちや、ありようを探したいというのが私のひそかな願いである。

もう一つ、ランドスケープデザインの大きな特徴とも言えるのが、対象またはデザインという行為の曖昧さである。プロジェクトの敷地が確定しているときも多いが、実際には敷地を含むエリア全体が対象である。道をここに通し、木をそこに植えることがすでにデザインだが、できてしまえばそれらはもともとあった関係の中に溶け込んでいく。まるでずっと前からそうであったように。最近はさすがに減ってきたが「で、結局何をデザインしたんですか?」と聞かれることも多かった。

プロジェクトにおける敷地の境界はその外へとつながっていくインターフェースである。上を見れば空につながり、足もとは多種多様な他者を通じて見えない地下と確実につながっている。昼と夜、季節の巡り、天気の変化、流域など水の動き、そういった動き続ける世界に剥き出しの存在でもある。対象が「もの」ではなく「関係」にある。デザインの対象は「これ」ではなくて「このあたり」であって、同時にその視線はその外側にも続いている。結果として現れるのは自分の関与したことと、すでにそこにあったものたちとの微妙な関係性が醸し出す編み目である。デザイナーが差し出すものは、新しい関係の一部として取り込まれていくとも言えるだろう。そしてその編み目のそこかしこに場所が生まれてくる契機をひそませたい。場所は世界を体験するためにそこに生まれてくる。

# II デザインの手がかり

## 05 風景を再編集する

ランドスケープデザインは編集という行為に少し似ているところがあるとつねづね思っている。いくらデザインすると言ったところで、ほとんどの要素はすでにそこにあり、デザイナーが一からできることはほんの一部である。そうは言っても既存の状況をいかに読み取り、それらとともに新しい状況を作り出すというのはとてもエキサイティングな経験である。編集とは新しい視点を与えることかもしれない。新しい視点は、世界との新しい接点、または付き合い方をもたらしてくれる。

## 06 場所が生まれる契機をデザインする

場所とは、私たちがこの世界に居ることを実感するための足がかりである。場所がなければ、私たちは居るという感覚をつかめず、行為や思い出が生まれることもないだろう。難しいのは場所そのものを作り出すことができないということ。場所はその人の個人的体験として風景の中のあらゆるところに生まれては消えていく。場所はデザインできない。デザイナーにできることはいい場所が生まれるような状況を仕込んでおくことだけである。もちろん個人的体験がどこかで普遍的な体験とつながっていることを信じつつ。

ここでは
特定のプロジェクトを通して
もう少し具体的な
かたちの現れ方に言及した
「デザインの手がかり」を紹介する。
とは言え、具体的なディテールの
記述ではなく、基本的には
デザインという行為を通して
考えてきた様々な
「ものの見方」の断片を
4つのテーマに分けて整理してみた。
それぞれ、具体的なプロジェクトと
ひもづけしており、
思考とかたちを結ぶ過程として
読んでいただきたい。

## 07 体験をデザインする

体験と場所はセットで存在していると思う。場所は体験とともに出現するし、体験するときには場所の感覚が必要になる。本書で場所と体験をそれぞれ個別のテーマとしたのは、具体的なプロジェクトに向き合うなかで、それぞれに駆動力としてより強くデザインを引っ張る特質があると思い当たったからである。この分類はあくまでも便宜上のもので場所と体験はコインの裏表のように分かちがたい。どちらがデザインの手がかりとして取り付きやすいかはプロジェクトの性格とそのときのアプローチによる。そのうえで最終的に求めていくのはいつも「場所の体験がそこにありえるのか?」というところに収斂する。

## 08 時間を生きるデザイン

風景そのものには始まりも終わりもない。見えているのはいつも刻々と移り変わる動的な状態の、そのとき限りの姿である。目に見えるようなものから、人の一生では感知できないようなものまで様々に、しかも同時に存在している。したがって、ランドスケープデザインでは時間を考慮せざるをえない。一つひとつのプロジェクトに対して、どのくらいの時間軸で考えるのか、とても難しい問題である。特に経済的合理性や必要性がどうしても短期間で語られがちな現代において、時間の中で生きていけるデザインこそが最も理に適っているのだということを信じているし、できる限りそれを実行していきたいと思う。

# プラスマイナス2メートルの世界

事例
多々良沼公園／館林美術館
星のや竹富島

ふとたまに、子どものころに迷子になって、見上げれば大人ばかりの中をさまよったときの恐ろしさと心細さを思い出す。また大人に肩車してもらったときの、世界が大きく広がる快感も忘れがたい。視点の位置がわずかに変わるだけで見える世界は一変する。この二つの視点の差はせいぜい1メートルちょっと。こんなささやかな高低差でも世界をまったく違うかたちで体験することができる。それほど視点の位置の変化は、私たちの世界の見方に大きなインパクトをもたらす。

関東平野のほぼど真ん中にある多々良沼。ここを埋め立てた敷地の一角に立ったとき、一番面白かったのが埋立て時の仕切りに使われた土手であった。土手の高さはほぼ2メートル。土手下の地面にいると、見わたす限り土手で囲まれた数百メートルの世界である。そこから土手の上に登ると、平野を一望するかのような数キロメートルにわたる視界が一気に広がる。平らな場所ほどわずかな高低差が効いてくる。それは一種の借景のデザインでもある。

沖縄県・竹富島は標高差20メートルちょっとのパンケーキのような平たい島である。海に面していない敷地でのプールのデザインを考えたとき、海に開く代わりに空に開いたプールを思いついた。夜空も暗く、星がとてもきれいな島であることも一つの理由である。敷地の真ん中に大きなすり鉢状の地形を計画し、その底にプールを配置する。すり鉢の高さはここでも約2メートルほど。そのわずかな高低差が周辺の視界を掻き取って、泳いでいながら空に包まれる体験が味わえる。周辺の環境を取り込んで考えられれば、少しの高低差は体験を切り替える大きなチャンスとなる。そしてその体験こそが、実はその場所に潜在している固有の魅力なのである。

1 土手をデザインした池をのぞきこむ
2 空に開いたプールサイドでくつろぐ

1

2

事例
星野リゾートコミュニティゾーン遊歩道

湯川沿いの遊歩道が新しい体験をもたらす

# 道のデザインで風景を再構築する

世界には誰にも知られていない場所がたくさんある。文字通り道なき道を行く人以外は知らなかった場所も、一度道が一本できればあっという間に私たちみんなが知っている場所へと変貌を遂げる。それはどこかの荒野とか未踏の大地だけの話ではない。本当に普通の、日常的に人々が行き交っているところでもそれは起こる。道は不思議な存在だ。道一つで新しい風景が出現するし、道の付け方や材料が変わるだけでまったく違う体験を生み出すことができる。

ただし、新しい道を加えるときは慎重でなければならない。それまで道がなかったということは、翻って言えば誰にもいじられていなかった貴重な空間がそこに残っていたということだからだ。私が学生のころ、富士山のスバルラインが建設され、その後様々な問題を引き起こしたことを記憶している。地下水の問題、風の問題、観光客の過剰な入り込みの問題など、あるエリアを貫通するたった一本の線が見た目以上の負荷となることもある。

軽井沢のこの地には湯川というきれいな川が流れている。しかし最初に訪れたとき、河畔に近づく人は釣り人くらいで、とてももったいないと感じた。それが川の遊歩道計画の始まりである。人だけが通れるささやかな道だが、それでも位置や幅員、路面の素材などは慎重に決める必要がある。遊歩道から駐車場を見せないようにするため、その間にはゆるくマウンドをつくり、また次々に変わる植生に合わせてルートを調整し、森と川だけを体験できるように風景を編集した。この計画は15年以上継続している。近年ではハルニレテラスから軽井沢野鳥の森までつながるなど、個々のプロジェクトに合わせて少しずつつなぎ合わされていて、気の長いプロセスともなっている。

事例
横浜ポートサイド公園

# 小さな単位から風景を変える

どんなに大きな風景を目の前にしても近づいて見ていけば、それは小さな部分の集積であることがわかる。デザイナーのイームズ夫妻による映画『パワー・オブ・テン』のように。逆に言えば、小さなことからでも大きな風景に関わっていくことは可能ということだ。道路の縁石、照明灯、宅地の区画といった要素からできている風景は実はたくさんあるが、それらの背景には大きな風景があることを意識することが重要だ。

小さな単位、ユニットのようなものから港湾という大きな風景につながると面白いのではないか。簡単につくれて簡単に設置できる、単純なかたちと使い方が実現できないか。もしそれがどんどん増殖していけば、いつかは風景全体と私たちとの関係を変えてしまうようなもの。当たり前だが風景に完成形というものはない。日々更新されて動き続けている存在である。そのなかで少しずつ、あちこちで芽を出していけるような小さな種をデザインしてみたのが、ヨシ原ユニットである。

港湾地区に典型的に見られるカミソリ護岸は必要に応じてつくられた形態で、港の風景を特徴づけている。実際には小さな肩をもっている箇所も多く、そこを利用して港の風景をより柔らかいものに変換できないかと思った。コンクリートでブロックをつくり、そこにゴロタ石を詰めて置くだけ。さらに土を入れてヨシを植える。潮の満ち引きにより海水はゴロタ石の間から出入りし、細長いが小さなエコトーンを作り出す。いまではカニなどの生物も棲みついているらしい。この敷地以外には増殖していないのが残念だが、新しい港湾風景の兆しは見えてきたと思う。

港湾に出現したヨシ原と小さな生物たちの棲み家

5720
5160
560
1000
4160
PLANT MATT
HHWL TP+2.300
REED GRASS
NATURAL ROCKS φ300
BLOCK (FIN WALL TYPE)
EXIST. STONE WALL
HWL TP+0.900
100
801
TOP SOIL
DRAIN MATT
GRAVEL φ50~100
HWL TP-1.000
WATER FRONT RE-VEGETATION DETAIL

# 小さな単位の集積

事例
星のや東京
丸の内オアゾ

様々な部分が集積して全体像にいたる。このことはいつもデザインの過程で考え続けている。すでにそこにあるものたちとの関係においては、自分たちが提案できることはつねに全体の一部でしかないとも言える。同時に、部分そのものもまたクローズアップしていけば、さらに小さな部分からなっていることが見えてくる。それをここでは仮に「単位」と呼んでみる。単位から考え始めることで何ができるのだろう。

超高層ビルを主体とした大規模再開発のプロジェクトを見てみよう。圧倒的なスケールで立ち上がる建築の足もとは深いD／H（幅／高さで表される指標で、この値が小さいほど深い谷底のような空間となる）の広場となり、歩行者のための空間一帯は巨大なスケール感に支配される。いわゆるスーパーブロック（通常の街区よりも大きな街区）の世界である。その世界の中にわずかでも一息つける領域をいかに作り出すか、その手がかりが単位であった。

舗装は通常よく使われる大判のものではなく、人の手跡が見える60ミリ角の割肌の舗石や、様々な庭園的な素材や手法を用いた。樹木も意図的に小さめのサイズを使っている。様々なストリートファニチュア類も同様にすべて小ぶりで、それらの表面にも何かしらの情報が読み取れる手がかりが刻まれている。それらが一体となり私たちのための領域が生まれてくる。私たちは空間の規模から大きな影響を受けている。さらにそれらを構成する単位自身の大きさやテクスチュアにも少なからず影響されているはずだ。解像度を上げても身体感覚に即した情報が得られること。巨大な開発では特にこの点に留意したいと思う。

1 手作業の跡が見える舗装のバリエーション
2 都心ホテルのエントランス
3 建物の内外で連続した地面のテクスチュア
4 敷地を覆うドットパターンにも江戸小紋が刻印されている
5 小ぶりなもので統一されたストリートファニチュア

2

1

4

5

3

# ふるまいが風景となる

都市の中を歩いていると、人は様々なきっかけで公共空間に束の間の場所を作り出して、実にいろいろな居方《いかた》(その場所の使い方や過ごし方のバリエーション)を見せてくれる。まさしく地のふるまいがそこにはある。同時にそれは社会という群れの中での最も原初的なふるまいとも言える。「人が人を呼ぶ」ということは真理だと思うし、人の姿が見えないまちに行っても楽しいとは思わないだろう。このような原初的なふるまいが多く見られるまちこそが、本来の都市、人が集まるということの意味ではないだろうか。

セカンダリー・シーティング(段差など腰掛けられる設え)という言葉を持ち出すまでもなく、都市の中の様々なかたちが、いかに人がそこに寄り付くことを受け入れているか。または「ちょっとひと休みしていったら」と誘っているか。それらの存在がまちの表情を生み出す契機となる。都市デザイナーのヤン・ゲールの言う通り、ちょっとした段差は人を誘う格好のかたちである。都心に立地する大学キャンパスのプロジェクト。大きな公園と地続きに接しており、楽しげな人のふるまいがそのまままちに開かれた大学キャンパスの顔となることを意図している。

ランダムに配置された地面の模様はそこに居場所があるというサインである。その模様がところどころで立体的に凸凹しながら大きなケヤキの下に点在している。ケヤキの木陰でランチをしたり、遊んだり、休んだり、おしゃべりしたり。デザインの最終形はこの凸凹にあるわけでなく、人々が寄り付いては立ち去り、集まっては離れる、といった動き続ける状態にある。デザイナーの仕事はそういう状態を生み出しえる、ある種の状況をつくることである。

**事例**
帝京平成大学中野キャンパス

単純な形態に様々なふるまいが集積する

# 部分にさわって全体を変える

事例
立正大学熊谷キャンパス

私たちは皆、日々の生活で風景の成り立ちに参加している。どんな些細な行為でもその痕跡は風景に刻まれ、その都度更新されている。ただあまりにも小さな関与は誰も気づかないだろうし、そもそも多くの行為は風景をどうにかしようとしているわけでもない。毎朝シャッターを開けて路上へはみ出しながら商品を並べる店も、空き家を壊して駐車場にするのも、当面の目的のために行っている。しかしそのことで風景が確実に変容しているのもまた事実だ。

デザインと日常の行為との境界は意外に曖昧なのかもしれない。単発的な小さな行為と、小さな行為のさきに全体像を変えようとする意図をもった試み。ランドスケープデザインではこの違いに意識的でありたい。特に敷地が大きい場合、最小限の関与で新しい全体像に更新することは、コスト的にも理に適った手法になる。全面的に上書きするのではなく、すでにそこにあるものとの関係を再編集する意味でも。

この大学キャンパスは関東平野と武蔵丘陵との境目に位置している。一帯には森林が広がり、穿たれた穴のような畑や集落のパターンがこの地域固有の風景を形成している。まずキャンパス全体をこの風景の一部として捉えた。広大な敷地の西側は鬱蒼とした森林でほとんど人目につかず、東側には施設が集中している。東西に分離したキャンパスをいかにして一体化させるのか。解決のカギは東西二つのゾーンのインターフェースにあった。その境界にあった小さな既存水路を拡幅し、それに沿わせて大きな広場を設ける。いままでキャンパスの外部だった西側の森は広場の対岸に広がる緑豊かな落ち着いた景色として現われ、人は橋を渡って行き来し始める。二つのゾーンが相補的な関係として浮かび上がり、全体が一つのキャンパスとなることをねらっている。

1 水路によって統合された東西二つのゾーン
2 拡幅された既存水路をはさんで二つの表情が対峙する

1

2

# 全体像を考える

ふだん暮らしているまち、いま歩いている街路。これらはひと続きの空間として感じているが、実際には無数の境界線によって区切られている。私有地、公有地はもとより、それぞれがまた個別の所有者や管理者によって分割されている。これは風景は地の空間であるという観点から言えば、大きな問題である。風景は共有されるべき公共空間であり、所有や管理、利用区分などはあくまでも便宜上の概念にすぎない。都市体験の魅力は断片化された空間の集積にはなく、連綿とつながる地の空間にあるはずだ。

水際の空間はこの分割の傾向が顕著である。まず海側と陸側の分割線があるが、それは自然の力に対して国土を守る強固な防衛線となっている場合も多い。本来動き続けている水陸の境界は本当は柔らかい面であるはずである。二つのまったく異なる世界の狭間は都市にとって産業、貿易、交通などの最前線であり、重要な拠点である。用途や機能も多様であり、その中はさらに細分化される傾向にある。

二〇一一年、東日本大震災に伴う大津波によって気仙沼市の内湾地区は長い歴史をもつ風景を一旦失った。賛否両論の末、この地区にも防潮堤が建設されることになった。が、防潮堤をまちと海を分断する壁にしてはならない。その思いが復興まちづくり協議会や行政とともに、公園と建物で防潮堤をはさみ込んだ新たなまちと海の接点を作り出す計画を生み出した。そのときに顕在化した一つの問題が、地区が無数の境界によって分割されているという現実であった。もう一度ひと続きの風景を取り戻すためには、それぞれの境界を越えた全体像を関係者全員で共有する必要がある。分割された敷地ごとに異なる施主やデザイナーとともに、私たちの役割は「風景は全部が合わさって一つである」を合言葉に、共有すべき新しい風景と居場所の創出を目指すことにある。

**事例** 気仙沼内湾ウォーターフロント復興計画

1 二〇一三年二月の気仙沼内湾

2 防波堤を抱き込んでつくられる新しい風景のイメージ

1

2

# テラスという棲み分けの装置

世界は他者で満ちている。都市環境と自然環境では存在する他者がかなり違う。中でも特に濃密な、生物としての他者で満ちている空間、たとえば林や森に人間の営みを持ち込むためにはどうしたらいいだろうか。人間が入り込んだために、もともとあった環境が改変され、ひどい場合には破壊されてしまう。そもそもそこにあった環境に惹かれて人間がやって来たにも関わらず、こういう事態は実はいろんなところで起きている。

棲み分けとは生態学者の今西錦司が提唱した考え方だが、個体間の競争ではなくて種間での相互関係を問う。大雑把に言えば、ある空間を互いに棲み分けることで競合を避け、共存および相補的な生育場所の分布を構築することである。都市は圧倒的に人間の密度が高いので見えにくいが、あらゆる空間は多様な生物種がなんとか棲み分けてそれぞれの居場所を確保している。森は逆に人間以外の生物たちの領域であり、そこに魅力を感じて近づきたいのであれば、私たちはおそるおそるアプローチしなければならない。

テラスは他者と鉛直方向に棲み分ける一つの装置だ。森の主たる住民たちに地面を明け渡すだけではあるが、一定の棲み分けが期待できる。人が地面を踏むと、土壌が締め固められて樹木が水や養分を吸い上げることが困難になり、草本類にいたってはつぶされてしまう。森の地面は多くの生物の通り道であり、無数の昆虫や菌類の生活場所でもある。クラウドテラスと名づけられたテラスはリゾートのゲストたちが客室以外で過ごすパブリックスペースとして、森の中にたゆたう雲の上に人が浮かんでいるイメージから始まった。森を楽しみたければ、森への干渉を最小限にする手段を考えたい。

事例
星のや富士

森の中のテラスでくつろぐ

# テラスという居場所

斜面はとても魅力的な存在である。しかし生活の場とするのはなかなか難しい。何と言っても地面が傾いているので、ただ立っていることさえ覚束ない。山登りでも、休憩するときにはわずかでも平らな場所を探したい。振り返ってみれば都市化とは斜面を平らに均《なら》す歴史でもあった。宅地のひな壇造成がその典型である。丘陵地、崖線《がいせん》など、都市圏の斜面は最後に残った緑地である場合が多い。地方都市では、斜面は私たちの生活に組み込まれず、はなから生活の外側になってしまっている場合が多い。

しかし、斜面はそれ自身であることが魅力なのだ。地形としての、また歴史の連続性としての緑地であるがゆえの多様な環境のまま生活に取り込むことができたら、どんなに素晴らしいだろうか。東日本大震災で被災した陸前高田市の市街地から車で20分ほど、広田湾と太平洋を同時に臨める箱根山の中腹でプロジェクトは始まった。市街地はかさ上げから始まる復興の長い道のりの途上にあり、すぐに人が集まれる状況ではない。市民だけではなく、外部の人々も気軽に訪れ交流できる場がほしいという地元有志の熱意のもとで建設された、言わば山の斜面に浮かぶ広場である。

テラスはすでに存在する斜面という状況にかける負荷を最小限にしつつ、もう一つの地面をそこに浮かべることである。私たちの生活圏外にあった山の斜面の履歴を消して初期設定化することなく、突然目の前に居場所として出現させることができる。これがテラスという形式の面白さである。テラスは斜面から切り離されているようで、実は斜面のありようが如実に反映されている。斜面の向き、場所ごとの使われ方、安全性の確保、視線の抜けなど、素直に斜面に従うことで答えがおのずと見つかってくる場合が多いように思う。

**事例**
箱根山テラス

1 テラスの形状は斜面との関係から生まれてくる
2 人々が気軽に交流できる広場の立断面図
3 山の中腹に現れた居場所の断面図

1

2

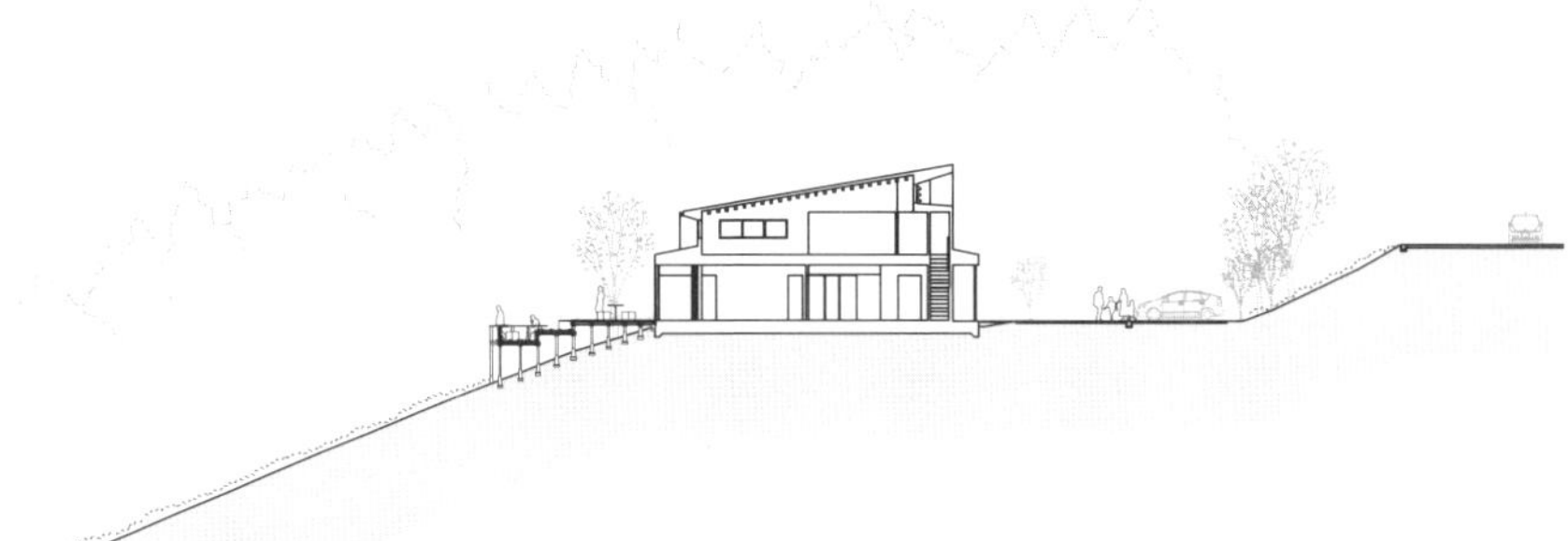

3

# 私たちの場所に人を誘う

みんなのため、というのは何ともわかりにくい。みんなって誰だろうか。公共の場所にいまひとつ魅力がないのはみんなの代表である行政が、みんなのための場所を提供しているせいかもしれない。主体者に顔、つまり個性がなく、受け手は市民として埋没している。誰が誰のためにやっているのかわからない、そういう正体不明の場所が多いのではないだろうか。意図されずにできた正体不明の場所、空き地は魅力的だが、意図したにも関わらず正体が不明の場所をつくろうしているところに問題がある。

意図して計画する場所はもっと主体者の顔があっていいと思う。誰かの場所に他の誰かを誘う。これをお互い様でやっていくことが本当の公共空間ではないか。主体者の顔をより前面に出すことに、本当の公共空間が生まれるヒントがあるように思う。公共空間では主体者の顔が出しにくいという、変な偏見が都市の上に漂っている。日本橋でのプロジェクトはその異議申し立てでもあった。チームで目指したのは「ホテルのカフェ・バーのような、ラウンジのような空間」をまちなかに出現させること。カフェはそもそも公共空間だ。

まちに開かれている誰かの場所。もちろんそこでのふるまいはある程度制限されるが、無数の誰かの場所がまちに開かれている方が数段楽しいし、双方にメリットがある。このとき使った場所のアイコンが「動かせる椅子」である。それは「私はあなたを招いています。どうぞご自由に」というジェスチャーである。固定されたベンチではないだけで、場所の親密さが一気に変わる。多治見の駅前に新たにつくられた広場でもそれは一緒である。マネジメントを確立し、求める場所の意義を提供する側で共有することで誘う主体者に顔ができる。そして「招かれている」と感じる人たちがその場を使い始めるのである。

**事例**
コレド日本橋の広場
虎渓用水広場

1 カフェ・バーのような公共空間がまちなかに現れる
2 ランチタイムはラウンジとしてにぎわう
3 動かせる椅子で思い思いに過ごす

2

1

3

# 配置で決まること

たとえばいくつかの石を使ったいろんな配置を考えてみる。龍安寺の石庭は視点をほぼ一か所に限定し、選び抜いた石を考え抜いた位置に置いている。一方、東京国際フォーラムにあるリチャード・ロングの作品「ヘミスフィア・サークル」は人が自由にまわりを歩き、入り込み、座ったりできる。体験の仕方は違うにしろ、配置で周囲を含む全体のトーンが決まる。これらはいずれも配置が生み出す場の力を感じる。

　箱庭療法のように、あらかじめ与えられたものでさえちょっとした配置の違いが、まったく違う世界を描き出すのだ。それぞれの要素を選ぶ自由、つくる自由があればそのバリエーションはより大きくなってくる。そこから一つの全体像を探さなくてはならない。そう、ランドスケープデザインとは「すでにそこにあるもの」「選んで連れてきたもの」または「自分たちで新たに用意したもの」それぞれを新しい関係のもとに配置し直すことでもある。

　これは大きな敷地が対象でもまったく同じである。リゾートでは加えて、眺め、寛ぎ、回遊という行為が入り組んだ、さらに複雑な体験の場を用意しなくてはいけない。もちろん実際の計画は膨大な数の条件が与えられており、クライアントや建築家との絶え間ない共同作業の集積である。それでもなおランドスケープデザインの果たすべき役割は、地の空間を扱うことだと思う。対象地は平らな耕作放棄地で、当初はデザインの手がかりが見つからず配置の作業は難航した。試行錯誤の末、数少ない既存樹の位置、伝統的な集落パターン、プールや見晴台の位置、ところどころモザイク状に挿入した牧草地などから最終計画が導き出された。この配置の中に、ここで過ごしてほしい時間や体験が織り込まれている。

**事例**
星のや竹富島

**1** 左上のラフスケッチから右下のスケッチへと詰めていく過程

**2** 最終計画の平面図

1

防潮林
アイヤルミチ
客室
芝バンク
見晴台
畑
プール
テラス
木陰の庭
レセプション棟
レストラン棟
木陰のテラス
グック
カンナージミチ

2

# 団地という公園

小さいころに住んでいた家の近くに大きな団地があった。まだ公団住宅の黎明期でもあり、平屋から三階建て程度までの様々なタイプが混在していたように記憶している。そこに住んでいる友達も多く、団地は子どもにとって間違いなく一種の遊び場であった。団地という言葉はそのまま友達と遊びの場がセットになった一つのエリアとして認識され、普通に「団地に行ってくる」という会話が成立していた。そしていま、団地は一つの時代を終えて持て余された存在となりつつある。

一方で棟ごとに余裕をもつ間隔は多くのオープンスペースを内包している。当時植えられた樹木は数十年を経て大木に育ち、いま団地は新しい価値を見いだされようとしている。敷地の境界に柵をもたず、片廊下をもたないいわゆる二戸一のタイプは、内と外のインターフェースにも高いポテンシャルがある。部屋－敷地のオープンスペース－その外側のまちをつなげやすい地区性を本来持ち合わせていた。団地は公園のような性格を内在していたのである。まさに子どものころ、私にとってそうだったように。

ところで公園とは制度の名前で、特定の類型をもつわけではない。都市公園法などで定められた公園以外に、実は多様で豊かな公園的空間がたくさん存在しているはずだ。それらの扱いがこれからの公共空間にとってとても大事である。18世紀のイギリスで始まった私有地を公共に開くことが公園の原形だとすれば、エリアとしての初期型団地を一種の公園として見直すことは理に適った考えだろう。多摩平団地も典型的なその一つである。プログラム変更と大胆なリノベーションによって、建物はシェアハウスや学生寮などに転用され、特に地上階は様々な手法で広場部分と一体化された。大きく育った大木も大事な居場所として取り込まれ、部屋－敷地－まちをつなぐ新しいタイプの公園的空間が生み出されている。

事例

たまむすびテラス

1 芝生広場やテラス、市民農園といった様々な公共空間をもつ団地

2 まず、緑、紫、グレーで示す既存の場所がそれぞれにもつ性格を把握し、そこに赤、オレンジで示すアクティビティユニットを散りばめることで、たくさんのよりどころが生まれる

1

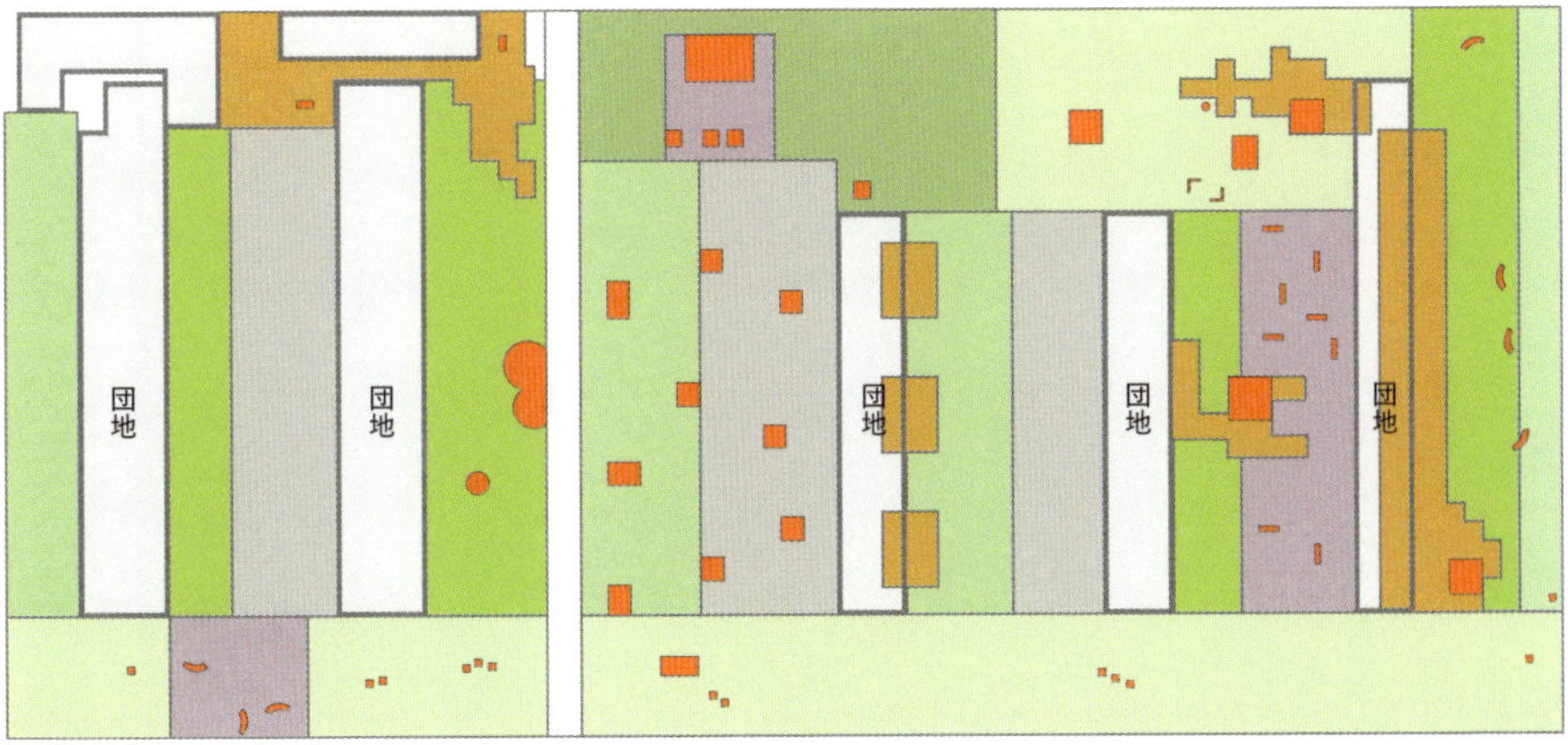


2

# 自分の場所を見つける

事例
大町広場

自分自身の日々を振り返ったとき、どこで過ごす時間が多いだろうか。家と職場もしくは学校、というのが平均的な都市生活者の声だろう。それに加えてサードプレイスという言葉が改めて強調されるほど、かなり限定された居場所しか持ち合わせていないのではないだろうか。言わば海に浮かぶ孤島のような分断された場所だけが私たちの居場所になってしまっている。原因は様々だろうが、私たちはもっと広い世界に多くの他者とともに生きているんだ、ということを体験することは、とても大事なことだと思う。

パブリックな空間にいかに自分の場所を見つけられるか。それが私たちがもう一度、まちや他者とつながる方法であり、その欠如が今日の大きな問題でもある。ランドスケープデザインが対象とする地の空間とは、まさしく私たちが他者と出会うチャンスに満ちた空間である。中でも広場という空間はうってつけである。出会うとは何も具体的な接触だけではない。他者の中に私がいるのだということを感じられることが、すでに出会いである。

他者とつながり、出会うためにはまず自分が落ち着ける場所が必要だ。公共空間の中のそのような場所は、どこかに定まった場所があるわけではない。それは必要に応じて浮かび上がるもので、それぞれが自分に合った場所を見いだすものである。だからこそ一人でも居られる場所が重要なのである。世界という広大な海の中にアンカーを降ろす瞬間は、誰と居ようとまず一人から始まる。広場を考えるときにはいつもそのことを思う。デザインは場所をつくることではない。その一歩手前を設えて、そこに一人でも居られる場所が生まれることを期待する行為である。

**1** 広場の中で選ばれる様々な場所
**2** 木の下や椅子、段差といった居場所の断面図
**3** 共同店舗も併設された広場の断面図

1

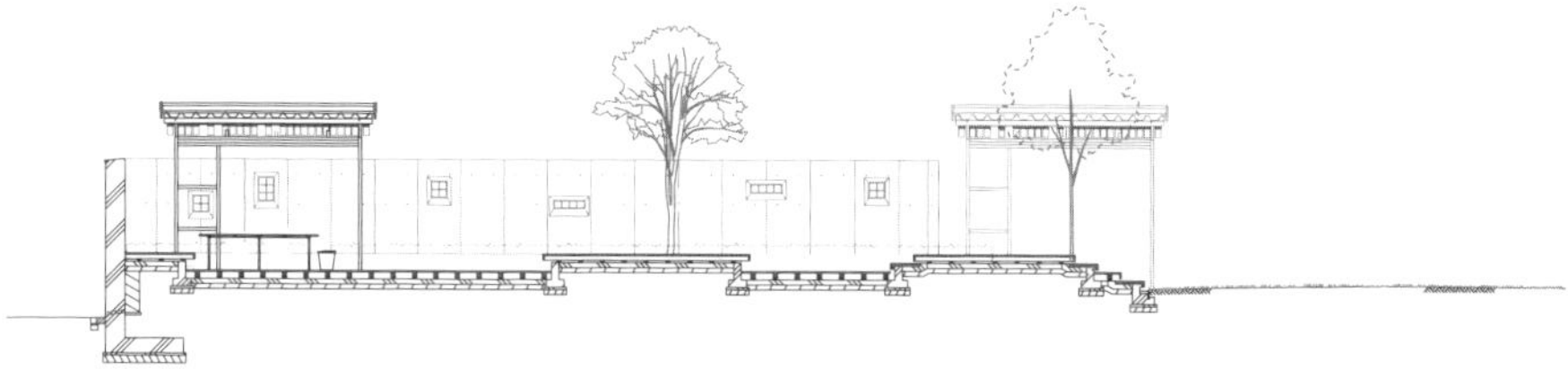

2

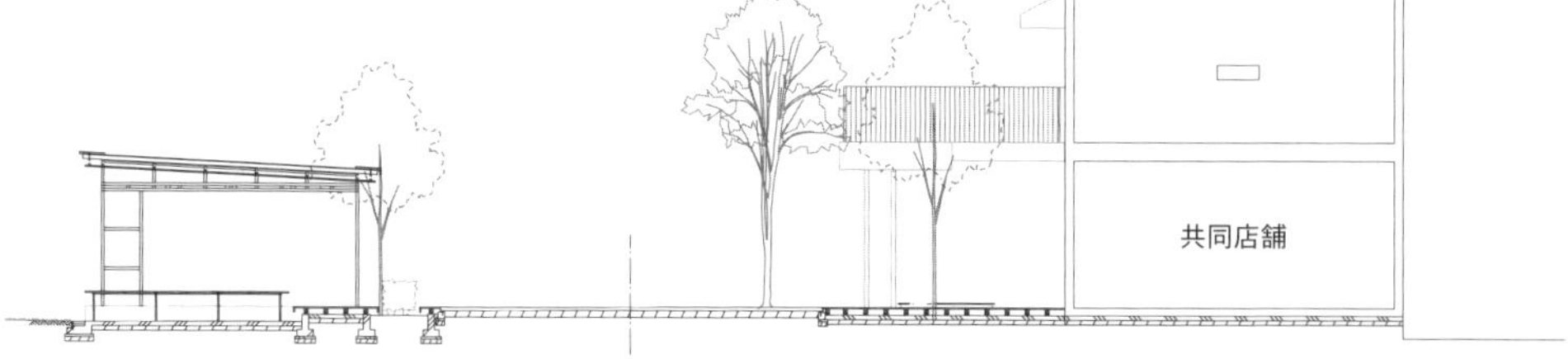


3

# 歩くという体験

**事例**
東雲CODAN

人のふるまいはどこかに留まって起こるだけではない。歩くという行為もまた重要な原初的ふるまいの一つである。散歩というと一見無意味な行為に思えるかもしれない。しかし、私たちにとって散歩はなくてはならない根源的な行為であるか否かは、少しわが身を振り返ってみれば明らかだ。歩く速さでしか得られない体験や価値があり、歩くことの楽しさは人をまちに誘い出す大きなファクターである。歩いて楽しいまちこそが、これからの都市がもう一度求めるべき姿だろう。

大規模な都市開発の場合、その計画規模はヒューマンスケールを超えがちだ。結果、歩くという行為をあまり省みないデザインになりやすい。このような大面積のエリアで歩く行為が考慮されないというのは、都市を体験する上で大きなマイナス要素となる。大面積であるがゆえにそのエリア内部だけの問題ではなく、エリアに隣接する周辺にまでその悪影響が及んでしまう。

歩くという体験を大きな開発に持ち込むにはどうすればよいだろうか。このプロジェクトではまず、エリア内部への車両乗り入れを制限した。同時につねにスケールダウンした低層部を介して建築と街路が接するよう、建物の配置段階からガイドラインが立てられている。テーマであった「都心居住」の再構築については居室空間内だけに留まらず、街路空間までを居住空間として再定義した。その一端は徐々に現れる道行きの風景が、人を自然に前へ前へと誘うようゆるやかに蛇行するS字形の街路やそれに直交する森の広場となって実現した。またその人だけの歩く体験を選んでもらえるよう、行き止まりのない立体的な歩行者ネットワークを考えた。一貫して考え続けたことは、いかに一つさきの角まで人を誘うことができるか、というシークエンスのデザインである。

**1** S字形の街路に直交する森の広場の歩行空間
**2** ゆるやかに蛇行するS字形の街路

森の広場
1
晴海通り
S字街路
2
ビスタの広場
公園
辰巳運河
1
2

# 互いが互いを必要とする

ランドスケープデザインの特徴は、まず構成している要素がそれぞれ自立して存在していることである。部品が集まって一つのかたちとなるパッケージのデザインというよりは、各々が主張している集合体の中に新しい要素が加わり、新しい相互関係をつくっていくことにある。すでにそこにあるものもあれば、新しくデザインの一部として姿を現してくるものもある。これらの間にどういう関係をつくるのかが大事な点となる。

互いの要素の間に相補的な関係ができたとき、初めてそれぞれの要素が生きてくる。相互の適切な関係がなければその風景は全体像として収斂しないし、場所全体の体験も生まれてこない。そこにあるのはただの部品ごとの機能であり、部品としての魅力でしかない。自立している要素は当たり前だが自立できる力をもっているので、気をつけないとその力だけに頼った断片的な風景を導いてしまう。

関東平野のほぼど真ん中、多々良沼を干拓した後の敷地に公園がある。平坦に広がる水田、防風林の松林、干拓時の土手、大きく広がる空などがすでにそこにあった。新しい要素としては、美術館、大きな芝生広場、その一端のカツラの木立、加えられた公園の土手、細長く延びる池などである。どれもシンプルな存在だが、互いの存在をよりどころとして配置を試みた。たとえば、広い芝生と大きな空の向こうにあるカツラの木立は相補的な関係にある。この場合、木立は芝生広場の奥に人を誘い込む装置でもあり、一度その中に入り込んで振り返れば、明るい芝生を臨む気持ちのよい小部屋のような空間ともなる。それぞれの要素はそれぞれの魅力を最大化するために、互いが互いの存在を必要としているのである。

**事例**
多々良沼公園／館林美術館

**1**
芝生広場の奥に見えるカツラの木立が人を誘う

**2**
カツラの木立の向こうに広がる芝生広場と、そのさらに奥に広がる関東平野

**3**
公園の全景

1

3

2

# 全体としての体験

それぞれ自立した要素が互いに補完的な関係を持ち得たとき、自分たちがいま居る場所を取り巻く風景は初めて一つの全体像として現れてくる。多様で変化に富んでいるが、風景はしかしある表情をもって私たちに働きかけてくる。それは視覚的な観点だけではなく、私たちのふるまいにも言える。まとまりをもった全体像の中にいるとき、私たちはその大きさや広がりをすべて抱き込んだ体験を得ることができる。

場所を体験するとはそういうことだと思う。風景は入れ子の構造になっていると思っている。なので、うまくいけばどんなに小さな場所であっても、そこからもっと大きな風景を体験することができるはずだろう。それは座る、遊ぶ、ひと息いれるといったごく単純なふるまいが、その場所でしか得られない固有の体験へと変貌する瞬間でもある。

事例
オガール広場

オガール広場は岩手県紫波町につくられた、公民連携による四棟の複合施設にはさまれた細長い広場である。スタジオと呼んでいる小さな屋根は、いくつか集まって木立とともに「まちのえぐね」と呼ぶクラスターをつくっている。また、それらにはさまれてさほど広くないがぽっかりと空いた芝生の広場がある。左の写真の（おそらく）父、母、幼児は、まさしくその関係性の中にいる。屋根の下に仮の巣を確保し、母の目が届く範囲の日差しのもと、父と子が遊んでいる。少し奥には年配の夫婦らしき二人も見える。この二組のグループは、それぞれがクラスターが作り出す領域を介してつながっている。それぞれの部分は一つ上の階層の全体をつくり、それぞれのふるまいは部分ごとの特性に寄りかかりつつも全体の体験の中にある。

1　様々な登場人物たちが束の間の全体像を共有する
2　まちの中に細長く延びる広場

1

2

# 共有の距離感

どのプロジェクトに関わっていても、適切な距離感ということが気にかかる。複数の人々が一つの場所を共有する、という感覚である。他の人と場所を共有するためにわざわざ「ここ」にやってくるという行為は、人間にとって何か根源的なものがあるのではないか。家族や仲間だけではない、見ず知らずの人たちと一つの場所を共有することには、何か喜びの感情があるような気がしてならない。

コミュニケーションとは会話を交わすことだけではない。ただともに居る、そのことを互いに許容し受け入れていることだけでもコミュニケーションは成立している。不特定多数の人々がそれぞれ思い思いの体勢、位置に居ること自体が、その都度のコミュニティが実体化している姿ではないかとすら思うことがある。コミュニティは開かれ、流動する。かつての村社会のような濃密かつ閉鎖系のコミュニティもあるが、公共空間において展開する場所の共有は、そうではないもう一端の相（希薄かつ開放系のコミュニティ）である。

たぶん私たちは、複数のコミュニティに属していたいのだと思う。束の間の場所での束の間の時間も含めて。それは広場でも大学でも商業施設でもリゾート施設の中でも変わらない。濃淡の差はあれ、公共の空間はどこにおいても生まれうる。もう一つ大事なことは、距離感は人と人の間だけに存在するものではない。地面の高低差、空間のスケール感、すでにそこにある多くの他者など、人と事物の間には微妙な距離感が確実に存在していて、人々のふるまいに決定的な影響を与えている。デザイナーに求められるのはその自然な発露を促す設えである。

**事例**
ハルニレテラス
虎渓用水広場
帝京平成大学中野キャンパス

共有のパターンは様々な距離感を伴って出現する

# 見る－見られる

都市のオープンスペースは一種の劇場空間である。地として広がる壁のない空間は、自由に出入りでき、視線が様々に交錯する場所を生み出す。公共空間ではなおさら偶発的な出来事が頻発し、何かを目撃する場所になりうる。出来事とはイベントや大道芸のようなパフォーマンスだけではない。極端に言えば誰かがそこに存在している、それだけで出来事なのである。互いに対する興味、誰かと場所を共有することへの志向性、それらは都市を形成する駆動力である。オープンスペースがその重要な舞台であることは間違いない。

都市の劇場空間ではいたるところが舞台である。しかしそれは、固定的なステージと観客席の関係ではない。観客と演者の関係はめまぐるしく入れ替わっている。そもそもその自覚なしに、それぞれの人が同時に観客であり演者であると言ったほうが正確かもしれない。ここに「見る－見られる」の同時発生的な関係が生まれてくる。また公共性にグラデーションがあるように、劇場という性格にもグラデーションがあるべきだろう。劇場もいろいろである。

デザインにあたっては、そのことを十分に意識する必要がある。そこに居るであろう人々の親密度の違い、対象となる集団の多様性といったことなどを考慮しながら関係の距離感をデザインする。手がかりとしては「見上げる－見下ろす」という縦方向の関係、何を介してどのくらいの距離で向き合っているかという水平方向の関係、視線と視線が交わる角度の関係などがあるだろう。それはもう一つの配置の問題でもある。

**事例**
虎渓用水広場
大町広場
東京工芸大学中野キャンパス

1 噴水で遊ぶ子どもとそれを見守る大人
2 ライブを観る地元住民
3 中庭でのパーティとそれを眺める階段テラスの人
4 多様な視点場のある大学キャンパス

1

3

2

4

# 境界を操作する

一見切れ目なくつながっている風景もその内には様々な境界のグラデーションが存在している。神社の鳥居をくぐるといったような、象徴的で曖昧な境界（閾）もあるが、所有や土地利用によって設けられた境界はもっと明確な切断面として現れてくる。風景の中に縦横無尽に走る様々な境界線は現代社会においては避けては通れない要素だが、境界とは分断するだけの存在ではなく二つの異質な空間が接するインターフェースでもある。逆にそこに着目することで新しい体験が生まれる余地があるはずだ。

カフェが歩道や広場にテーブル席を持ち出し、そこにくつろぐ人々の姿があるだけでまちの姿は一変する。建物内部と歩道の間の閾を柔らかくするだけでそれだけのことが可能になる。道路脇の駐車帯を小さな広場に変えるパークレットの運動、公有地の一部を自発的な人や組織で世話していくアドプトプログラムなど、近年多くの試みが始まっている。これらのように社会運動、条例などの運用により可能なことも多いが、実際のプロジェクトにおいては何が可能だろうか。

公園と市街地という二つの存在も往々にしてその閾は切断面になりがちである。このコンペは、ミラノ市に計画される新市街地の中心となる公園が対象であった。ここではまちと公園の境界を操作し、まちが公園の中に貫入してくることを試みた。必然的にまちと公園のインターフェースが長くなり、様々なまちの活動がそのまま公園の只中に放り込まれる。そのコントラストを強調するため、公園は緑のカーペットというコンセプトでシンプルな芝生地を主体とした。ピア（栈橋）と名づけられたまちの延長に位置する施設は飲食、ギャラリー、駅、マーケット、広場など、様々なまちの機能が用意され、公園とより密接な関係をもつことをイメージしている。

**事例**
ポルタ・ヌオーヴァ公園
（国際コンペ　2等賞）

**1** 新市街地における公園計画の配置図
**2** まちの活動が公園の中に貫入するダイアグラム

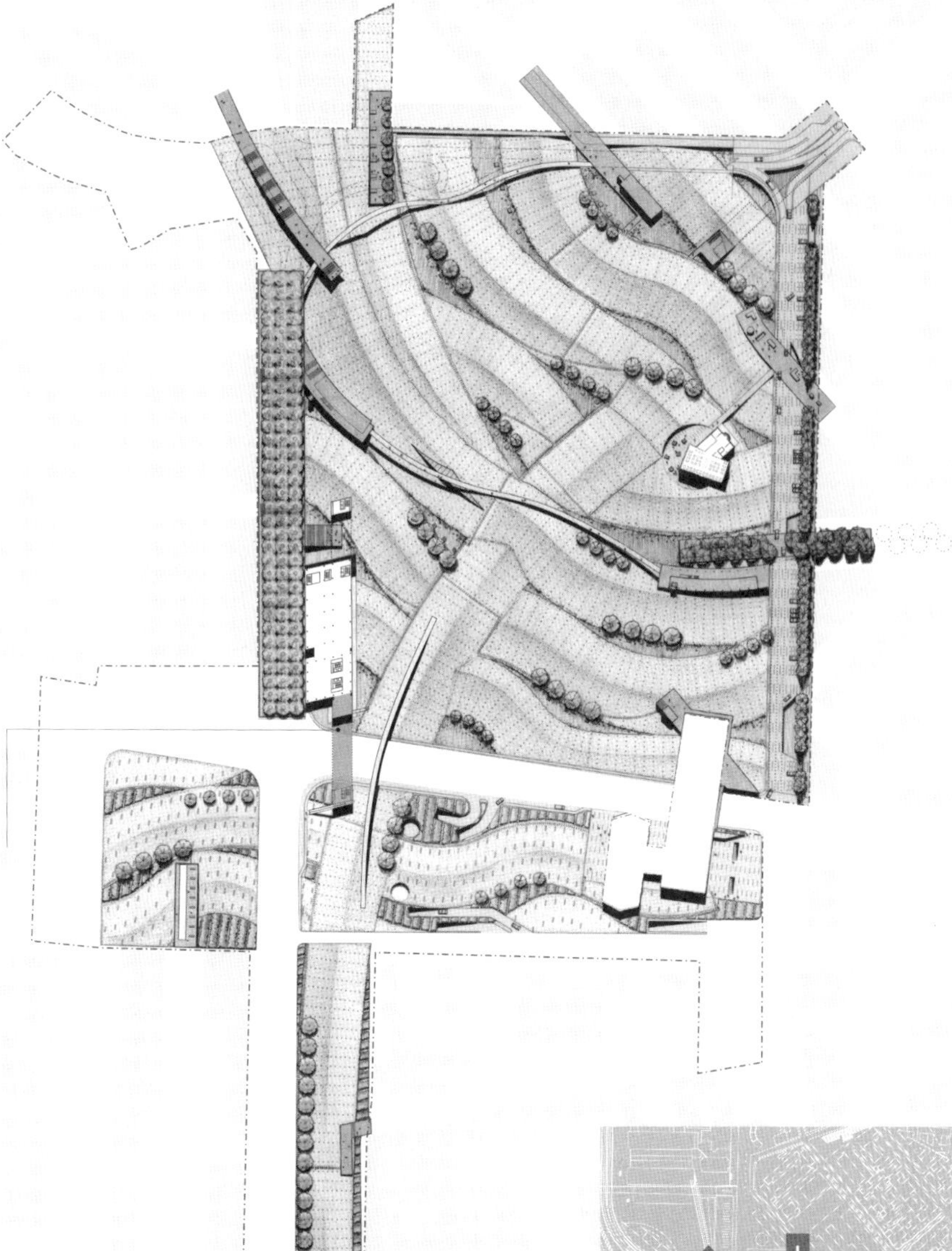

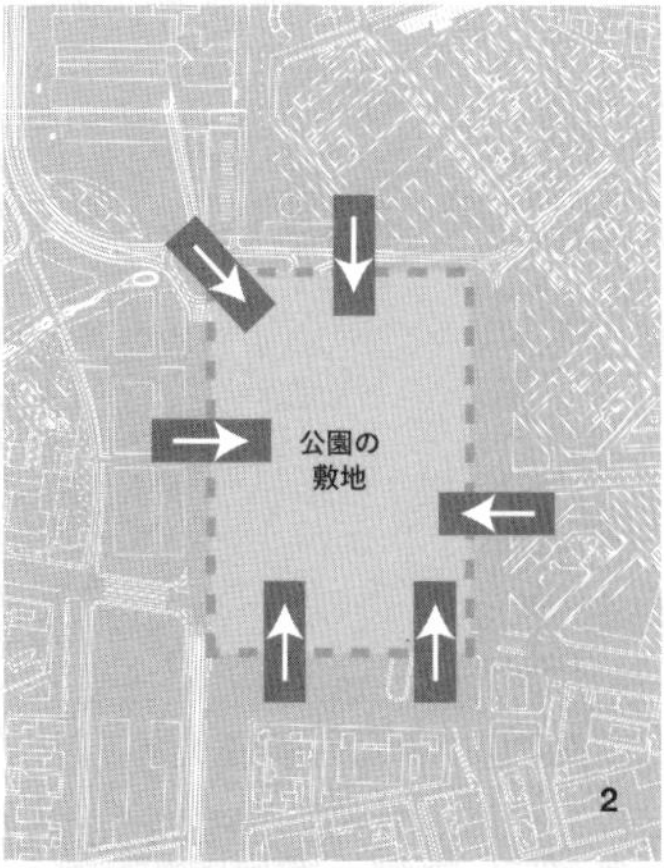


2

1

# 風景の中の屋根

建物に屋根があるのは当たり前だが、壁もあって床もあると内部空間が生まれてくる。外部環境に影響されない快適な内部環境を作り出すことが建物の一つの機能である以上、それはある種の必然である。もちろん天気がよければ窓を開け放ち、なかば外にいるかのような室内環境を作り出すことは十分可能である。しかしここで語りたいことは、動き続ける世界という剥き出しの環境にぽつんとおかれた屋根のことである。

風景の中に屋根をおくことは、言わば傘をさして外にいる状況に近い。ちょうどよい大きさの屋根の下にいれば、手がふさがることも頭に笠を被る必要もない。強い日射しの下であっても心地よく日陰でくつろげる。手を伸ばせば雨に触れられそうな位置で、その音や匂いに包まれて佇むこともできる。加えて、安心して腰を下ろしていられるスケール感の屋根は、外の空間を味わい過ごす上で特別な体験を提供する装置となる。屋根の外の世界と屋根の下の間には、ゆるやかな閾が存在していて、屋根の下に一歩足を踏み入れると別の体験が待っている。

適度な大きさと適切な配置がなされた屋根は、外部空間での人のふるまいに飛躍的なバリエーションをもたらしてくれる。経験的に、屋根は大きすぎても小さすぎてもダメな気がしている。小さすぎるとふるまいが展開しないし、余裕がなくて使いにくい。逆に大きすぎると外の気配が遠すぎて、世界の中に放り出された感覚が乏しくなる。壁がないにもかかわらず内部空間の気配が濃くなってくるのだ。こういったことに気をつけながら、その場所にふさわしい傘のさし方を考える。

**事例**
星のやバリ
オガール広場
虎渓用水広場

1 鳥かごのような屋根の下で熱帯雨林を眺める
2 屋根の下での昼食
3 夜の屋根の下でのひととき

1

2

3

事例
赤坂サカス

# 地形が与えてくれるもの

私たちが生きている世界の基盤はまさしく地としての地面である。目に見えないほどの微妙な勾配から目が眩むほどの高い頂まで、実に多様な表情をもっている。長い年月で隆起・沈下し、水や風で削られた地面のかたち、すなわち地形のうえに私たちの生活は成り立っており、それぞれの土地独特の生活風景を形成してきた。地形に逆らわないありようは理に適っていたと同時に、山の手と下町、聖と俗の空間など、土地ごとの場所の体験を育む土台でもあった。

しかし特に都市部において、その感覚は失われつつある。坂のまちと言われた江戸では坂と橋の名前がエリアのアイデンティティとなっていた。だが、いまやビルと高速道路に埋もれ、斜面は切断されて平らに造成され、川は暗渠として地上から姿を消した。本当に見えた都内最後の富士見坂から富士山の姿が消えたのは二〇一三年である。こうして都市は徐々に歴史とコンテクストを失い、住民のまちへの誇りや愛着も薄らいでいく。ひいては、他所から人を惹きつける都市としての「顔」も失っていく。

赤坂の地は東京の中でも有数の入り組んだ谷戸地形をもち、江戸時代から地形と一体化したまちの構造をもっていた。しかし残念ながらプロジェクトの対象地である敷地の一部は、以前の開発によって尾根の一部が大きくえぐられ、その構造は失われていた。再開発において目論んだことの一つが、地形の現代的な復元である。建築家と話し合いながら、二つのホールとともに一度失われた地形を新しくつくることを目指した。現代の都市体験は地下鉄から始まることも多く、今回は地下一階の改札階から始まる階段状の広場を提案した。途切れた動線をつなぎ直し、「見上げ－見下ろし」ながら行き来するという赤坂らしい都市体験の再生を意図している。

1 地下一階の地下鉄改札から続く階段状の広場
2 入り組んだ谷戸地形に林立する建物群

1

2

# 固有の風景こそが資産

最近の都市・商業施設・宅地開発などでは、なぜかその場所とは無縁の世界の風景を持ち込む風潮が目につく。ヤシの木が生えている住宅地、南欧風のショッピングセンター、さらには現実世界すら超えたファンタジーな観光施設。これらはまさしくオブジェ化された断片的な風景の出現である。私たちは行ったことがなくても実に多くの風景の断片を知っており、それと消費の欲望がリンクしている。

ここで二つの疑問がわく。一つはなぜそれが消費欲を刺激するのだろうか。もう一つは、この傾向は本当に経済的に理に適っているのだろうか。一つ目は私にもよくわからない。が、メディアを通しての風景の断片化が進んだことに加え、材料や工法についての供給側の自由度が飛躍的に高まったことに一因があることは間違いないだろう。見えている風景とその場所での生活、気象条件、文化などのありようとが剥離してしまい、私たちはいま混乱の中にいる。が、このことは言えると思う。つながりをもたない風景は共有できる基盤とはなりにくいだろう。

二つ目の疑問について、これはまったく理に適っていないと思う。風景はそこでの関係性の総体であり、身体に張りついた固有の表情である。成り立たせている既存の関係性から表情を引きはがせば、その世界を維持するためだけにコストをかけ続けなければならない。その場所固有の風景を探し、それに寄り添った方がはるかに合理的に安定した風景を維持しやすいはずだ。何よりもその固有性はほかとは代えがたいという価値を生み出す。プロジェクトを通して何が固有たりえるかをその都度考え、そこから資産化できる魅力的なデザインを探し出す。それがデザイナーの役割だ。ただの消費だけではない、そこで育まれこれからさきもずっと続く風景を共有するために。

**事例**
星のや軽井沢
星のや竹富島

1 既存の地形・植生・水を生かして新しい沢の風景を導き出す

2 工事で発生した石材を使った伝統的な石積み（グック）が全体の骨格をつくる

2

# 20年後の森を想像しながら

不動の象徴である地面ですら動き続けているように、森もまた変化し続けている。森が変化するスパンは大地のそれよりもだいぶ速い。しかし私たち人間の目には見えないほどゆっくりと変化している。植生がある状態から別の状態へ変化していくことを遷移という。同じ状態を保っているように見えても、そこには里山の雑木林のようにつねに外部からの干渉がある。または極相林という最も安定した状態に達している場合もある。デザインの対象となる敷地に自然林が含まれている場合、どのように森や林と向き合っていくかは、なかなか難しい問題である。確たる答えはどこにもない。

事業の性格、人的・財政的リソースの有無、何よりもいまその森が遷移のどの段階にあるのかといった多岐にわたる条件から、ともにあるべき方向を考えていく必要がある。対象となった敷地は河口湖南岸の斜面。その上部におそらく草地からアカマツと落葉広葉樹の混交林に遷移してきた場所がある。そこを滞在客のためのパブリックスペースとするプランになった。しかし、温暖化の影響かマツクイムシの被害がひたひたと押し寄せ、隣接する富士吉田の市街地まで迫っているという。現時点でアカマツの存在は貴重である。高さ20メートルに及ぶスケール感は得がたく、その代役はすぐには見いだせない。

結果としてこう考えた。生育が良いアカマツを選択し、マツクイムシ対策の薬剤を注入して積極的に保全する。同時に落葉広葉樹の頭上に干渉しているアカマツと若干の杉を少し伐採して、落葉広葉樹に日光を当てて大きく育てる。いずれこの場所まで被害が及んだときにも最低限のアカマツを保全しつつ、長期的には落葉広葉樹の森へと遷移させていく計画である。リゾートという事業と森の共存という視点から、いまも20年後も良い関係が保てるように考えての結論である。

**事例**
星のや富士

1 アカマツと落葉広葉樹の森に浮かぶテラス
2・3 計画前の雑木林
4 植生誘導計画の考え方

1

3

2

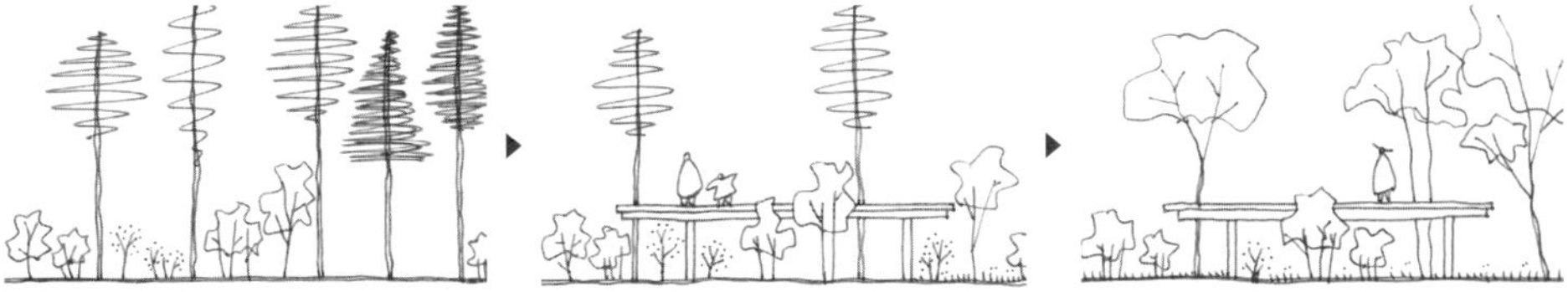
4

# あるべくして生まれた風景

**事例** ケラ池（スケートリンク）

棚田の風景を美しいと思うのは、あるべくして生まれた風景だからだろうか。ヴァナキュラーな（土着の）風景の価値を美学的観点で語るのは難しい。しかし、場所の特性、作り手の意図、そのとき手に入る材料・技術などからごく自然に生まれてきた風景の内には、しっかりとした場所の感覚がある。そこには関係がうまく機能しているがゆえの安定感がある。そして何より、進化のさきにたどり着いた形態のような合理性の現れを感じる。しかしいま、その維持が難しい。当時とはまったく異なる道具・技術が生まれ、棚田を作り出した一連のシステムに（多数派的には）合理性を見いだしにくい側面がある。

天然のスケートリンクとするために昭和20年代につくられたため池が軽井沢にある。そこを再度整備し、スケートリンクの復活と自然環境の復元を図ったプロジェクトが立ち上がった。沢水が集まる谷筋に水を張り、池をつくる。池は斜面の北側にあり日光が当たりにくく、氷が張りやすくて溶けにくい。雪が少なく気温が低い軽井沢の地において、実に理に適った場所の選択とその使い方であった。そこを夏はトンボの舞う池として、冬は森のスケートリンクとして通年楽しめる場所を目指すことになった。

ここは、合理性と場所の魅力の双方を向上させるように工夫している。たとえば、春先に氷が溶け始める部分はなるべく陸地化する。また土砂が流れ込みやすい沢口には緩衝帯としての入り江を設ける。これらの操作はデザインとしては襞《ひだ》が多く、奥行きの深い風景をつくることにつながる。さらにため池は冬期に結氷させるため、その上部に新たに小さな池を設け、冬も常時水を流しておくことによって越冬する生物の生息場所を確保している。夏と冬にはまったく違う風景とそこでのふるまいが出現する。これらがすべて相まってあるべくしてあるように、そこに池と流れがあればいいと思う。

1 森に囲まれた夏のケラ池
2 冬には池が森のスケートリンクとなる

1

2

# しくみから関わること

ある敷地に出合ってデザインをする。その後工事に入って竣工する。私が仕事に関わるときは基本的にはこういう流れであるが、いつしかこういうことを考えるようになってきた。このプロジェクトは何のために必要とされていて、何を目指しているのだろうか。実際のデザインを始めてから竣工にいたるまでの間には日々関与しているが、その前後、というかそれを動かしているしくみへの思いは日々強くなっているような気がする。

ランドスケープデザインの対象となるプロジェクトはそれなりの規模をもつ場合も多い。これは、それまでそこに働いていた力やそこに関わっていた他者たちに大きなインパクトをもたらすことでもある。同時に、一つのプロジェクトは多くの立場の人たちが知恵を出し合って進める運動体でもある。その中でのデザイナーの立ち位置を改めて考える必要があるだろう。私が貢献できることは何だろうか、と。デザイナーという言葉があまりにも多義になってきている現代であればなおさらである。

あるプロジェクトで生まれるかたちは、その運動体の一つの表現形である。とりあえずのゴールではあるが、そのかたちは運動体の動きからある種の必然として生まれたものでありたいし、未来への動きをはらんだものでありたい。お金がどのように循環するのか、誰が何をコミットするのか、公と民の役割は何か、すでにそこに居るものたちとの新たな関係は構築できるのか。そういったことから動き出すためのしくみが生まれ、そのしくみからかたちは生まれてくる。ランドスケープデザインは地のデザインであり、関係のデザインである。つくったものが未来へ続くために、物事が動く根拠であるしくみから関わることはとても重要なことだと思う。

**事例**
オガール広場

猪谷千香
『町の未来をこの手でつくる』
幻冬舎（二〇一六）

清水義次
『リノベーションまちづくり』
学芸出版社（二〇一四）

**1** 建物、広場、みち、事業やマネジメントのしくみといったすべてが合わさって一つの風景となる

**2** 全体計画と展開するアクティビティの分布図

1

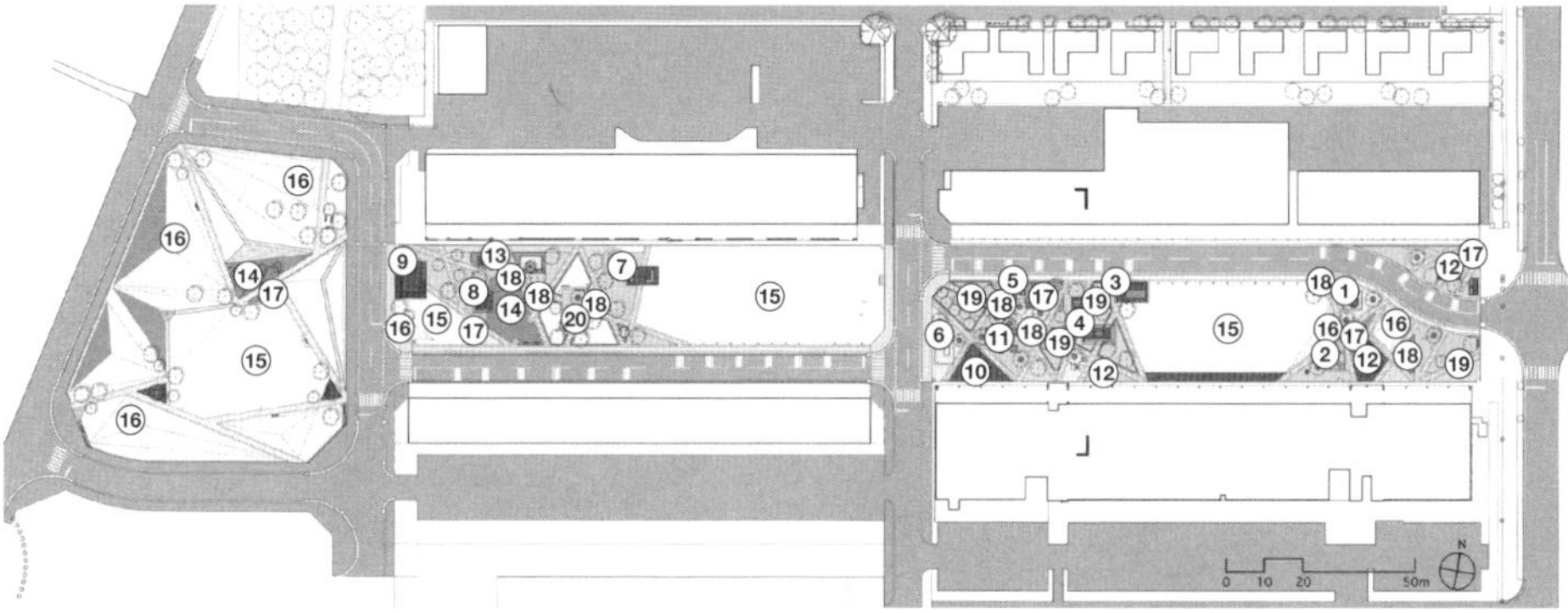

①〜⑨ スタジオ

⑩ マルシェテラス

⑪ バーベキューテラス

⑫ カフェテラス

⑬ 洗い場テラス

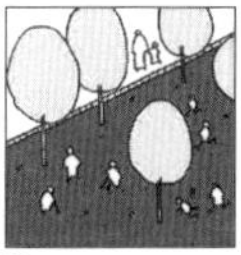

⑭ 土のコート

⑮ 芝のコート

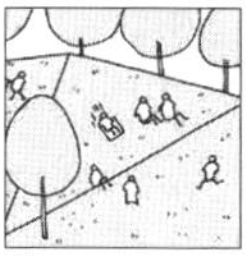

⑯ 芝のマウンド

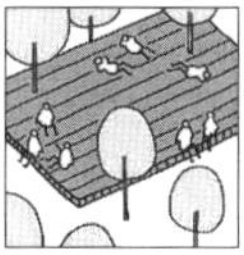

⑰ 縁台

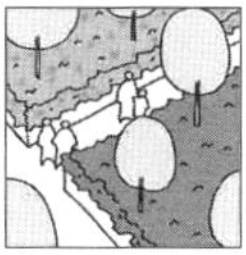

⑱ 花壇

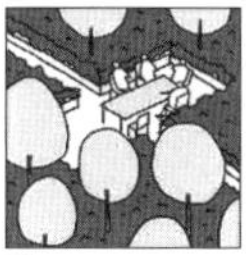

⑲ 緑の部屋

⑳ 芝の小上がり

2

# かたちを変えて引き継ぐもの

風景の中にある「すでにそこにあるもの」とは、その地で歴史を刻んだものである。その地での人と風土との長い関係の中で生まれ、導入され、育てられてきたものが多い。言葉を変えれば、それらはその土地にとってかけがえのない資産であり、住民にとっても大事なシンボルになりうる存在である。自分たちの地域やまちに誇りをもつことは、住んでいるエリアを真に自分たちの場所として感じるためには欠かせない。それはシビックプライドという言葉でも言い表され、ひとつの運動にもなっている。

シンボルになりうるものと言っても実は様々である。お城や掘割のような歴史を伝える明確なかたちもあるし、地形や植生、それらとともに作り上げてきた集落風景のように関係性が風景として現れているものもある。多治見の盆地に注ぎ込まれている農業用水は虎渓《こけい》用水という。明治時代に当時の村民たちの大変な努力によって山の懐を貫通し、土岐川の水を引き込むことにより新たな水田を開くことができた。かつては地域を潤した用水だが、現在多くの水田は宅地となり、用水もほとんどが暗渠化されていた。用水と水田が作り出す風景はすでに失われていたのである。

地面の下を流れる見えない歴史的遺産を、もう一度多治見の風景に取り戻すことができないか。それがこのプロジェクトの始まりであった。農業用の利水権を環境利水へと切り替え、新たに区画整理された多治見駅北口の駅前広場へと引き込む。多治見の地形、自然と人の営みが作り出したかつての風景は、水と緑に覆われた新しい駅前の姿として引き継がれている。かたちそのものは姿を変えたが、人と（先人の思いが詰まった）用水の関係は時間の中で生きていくことができる。

事例
虎渓用水広場

土岐川から弁天池を介して暗渠で流れ込む用水は、広場で再び地表に姿を現し、大原川へと流れていく

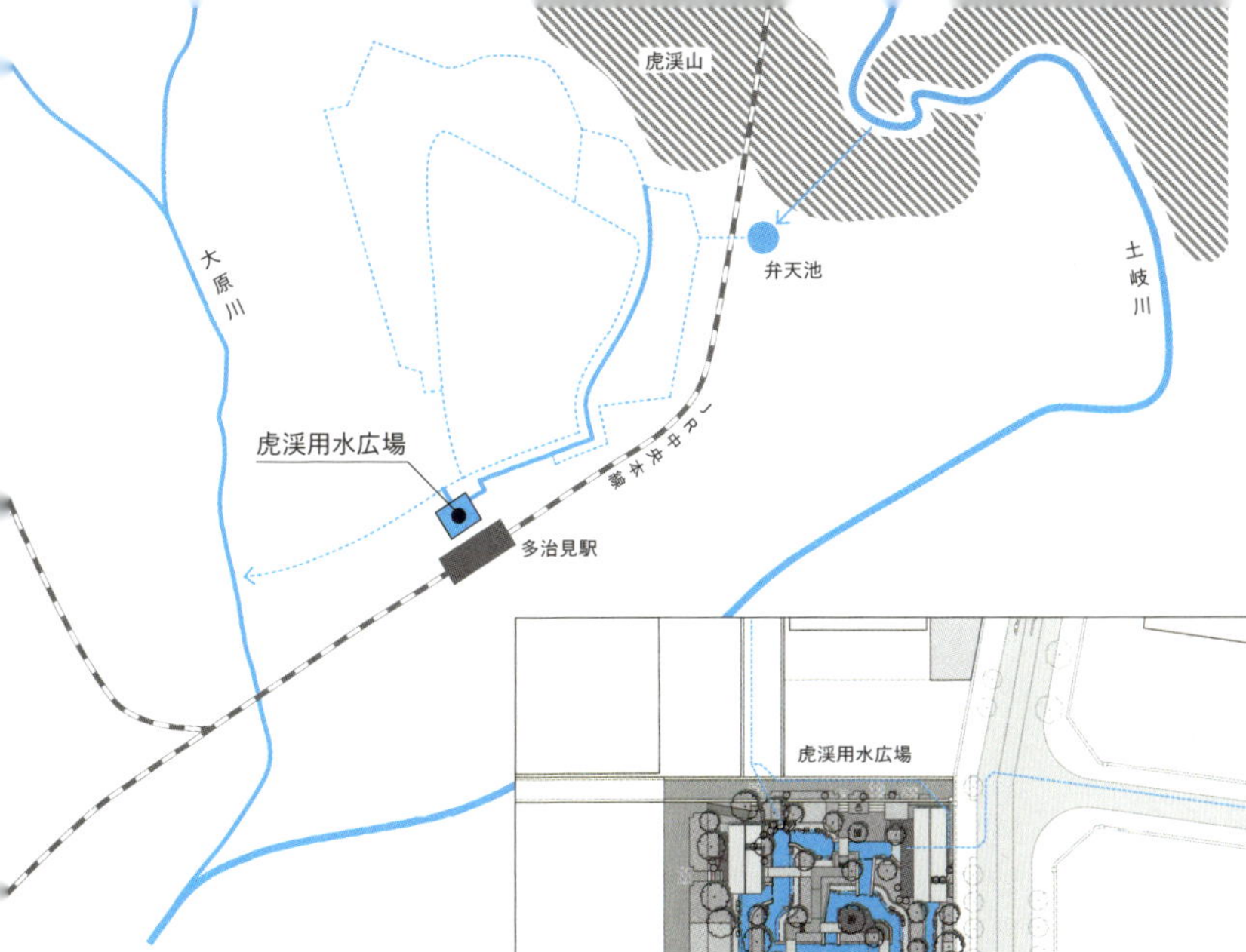
虎渓山
弁天池
大原川
土岐川
JR中央本線
虎渓用水広場
多治見駅

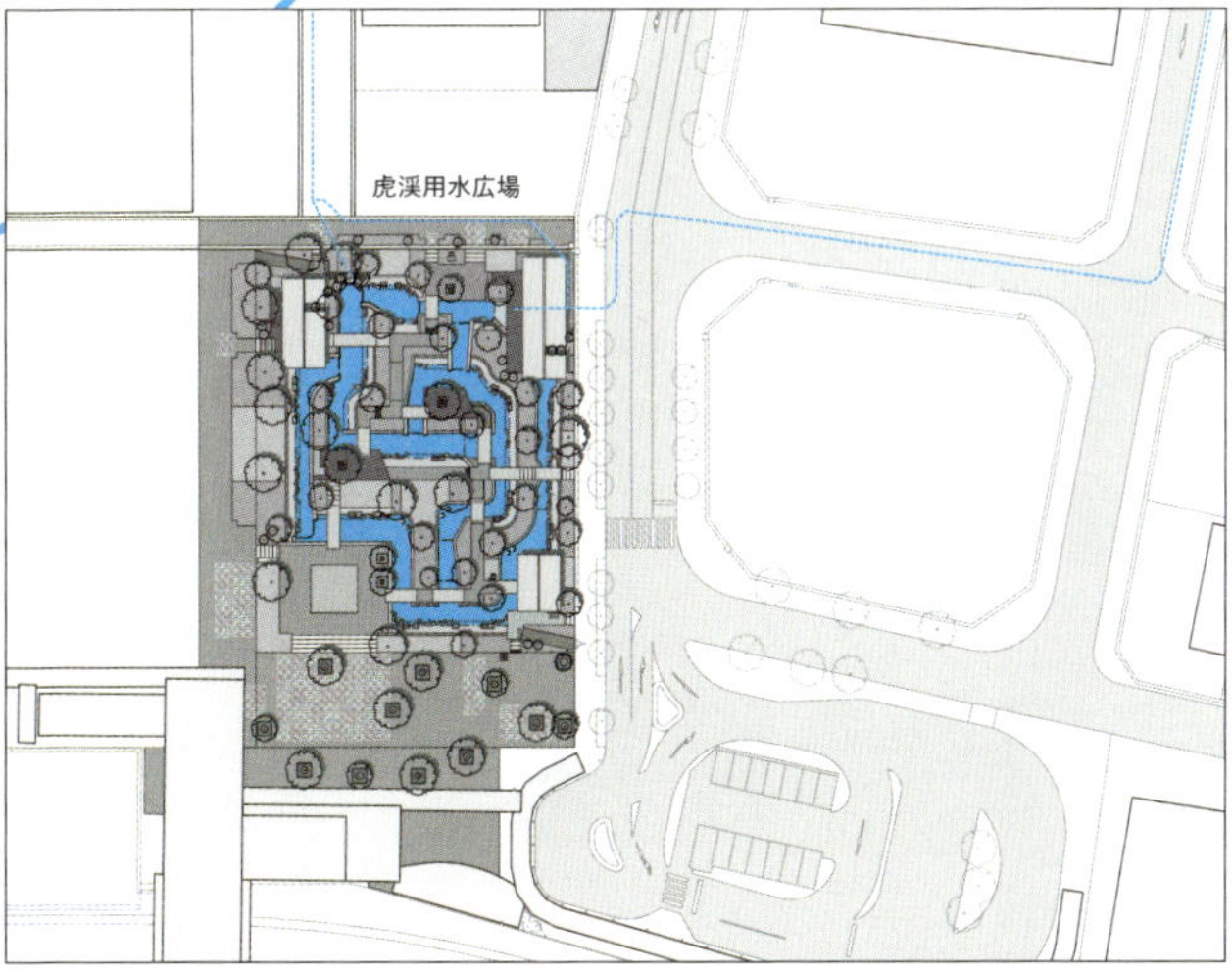
虎渓用水広場

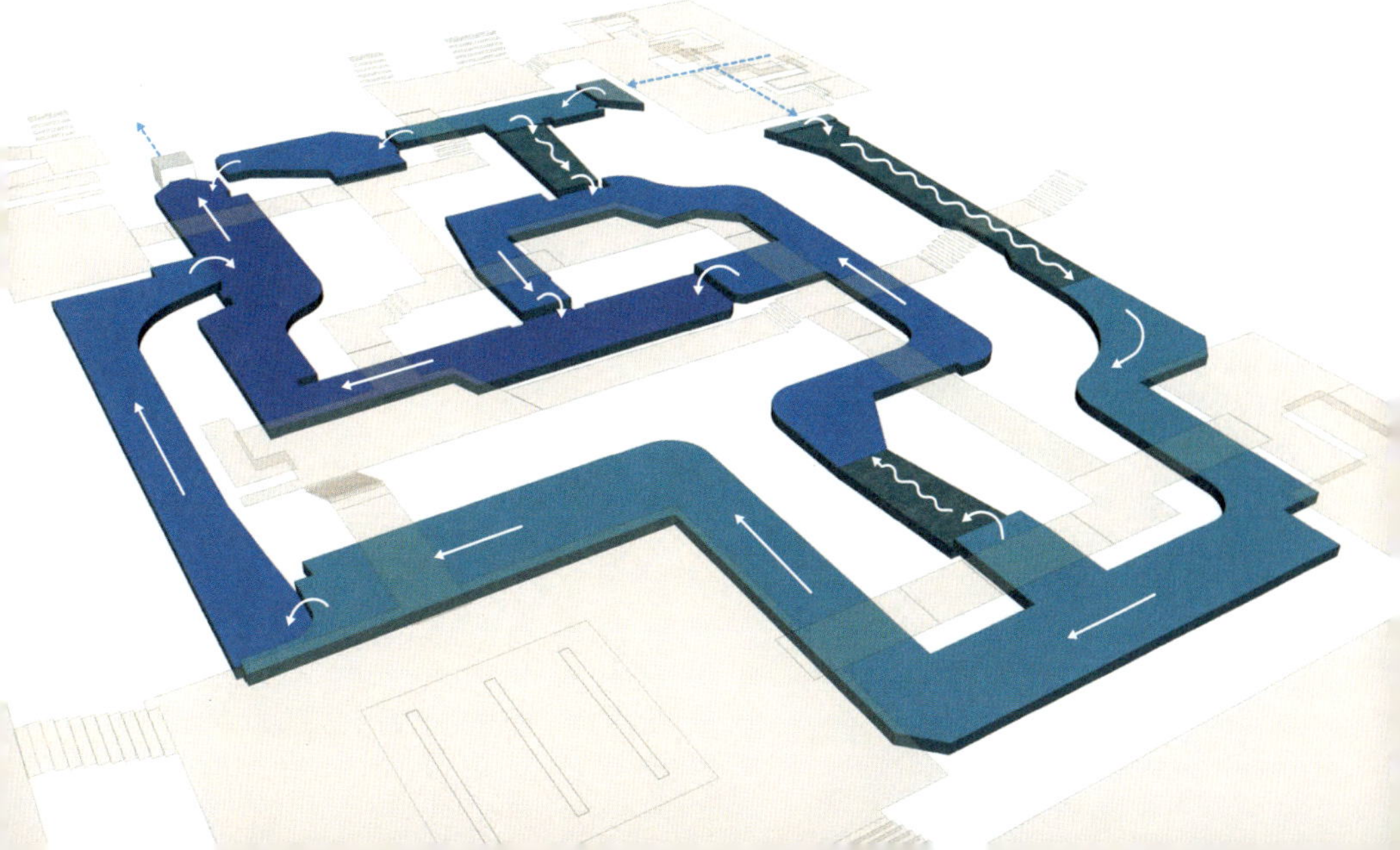

## 計画・事例リスト（カッコ内は掲載ページ）

**赤坂サカス**（p.106）
所在地—東京都港区　敷地面積—約三三〇〇〇m²　施主—東京放送ホールディングス　竣工—二〇〇八年三月　プロジェクトマネージャー—三井不動産　ランドスケープデザイン—オンサイト計画設計事務所　建築—久米設計　照明—ソラ・アソシエイツ

**大町広場**（p.90, 100）
所在地—岩手県釜石市　敷地面積—約二三〇〇m²　施主—釜石市　竣工—二〇一五年六月　ランドスケープデザイン—オンサイト計画設計事務所　協働—建設技術研究所　構造—リズムデザイン＝モヴ一級建築士事務所　照明—ぼんぼり光環境計画

**オガール広場**（p.96, 104, 114）
所在地—岩手県紫波町　敷地面積—約一〇〇〇〇m²　施主—紫波町　竣工—二〇一五年六月　ランドスケープデザイン—オンサイト計画設計事務所　協働—サンエスコンサルタンツ　構造—リズムデザイン＝モヴ一級建築士事務所

**気仙沼内湾ウォーターフロント復興計画**（p.78）
所在地—宮城県気仙沼市　敷地面積—約六五〇〇m²

**・全体統合デザイン**
ランドスケープデザイン—オンサイト計画設計事務所
照明—ぼんぼり光環境計画　コーディネート—阿部俊彦（早稲田大学都市・地域研究所）

**・防潮堤（躯体）**
事業者—宮城県　竣工—二〇一八年三月（予定）
設計—日本港湾コンサルタント東北支社

**・魚町護岸復旧、南町海岸桟橋**
事業者—宮城県　竣工—二〇一八年三月（予定）
設計—三洋コンサルタント

**・フラップゲート（魚町防潮堤）**
事業者—宮城県　竣工—二〇一八年三月（予定）
設計—日本自動機工（設計施工）

**・南町海岸公園**
事業者—宮城県　竣工—二〇一八年三月（予定）
設計—エイト日本技術開発

**・街区公園**
事業者—気仙沼市　竣工—二〇一九年三月（予定）
設計—URリンケージ（基本設計）、東京建設コンサルタント（実施設計）

**・スポーツ・観光公共施設**
事業者—気仙沼市　竣工—二〇一九年三月（予定）
設計—RIA

**・南町海岸ウォーターフロント商業施設**
事業者—気仙沼地域開発　竣工—二〇一八年三月（予定）　設計—住まい・まちづくりデザインワークス＋デキタ

**・道路**
事業者—気仙沼市　竣工—二〇一九年三月（予定）
設計—内湾JV（魚町・南町地区被災市街地復興土地区画整理事業事業計画等推進業務共同企業体）

**ケラ池**（スケートリンク、p.112）
所在地—長野県軽井沢町　敷地面積—約三二〇〇m²　施主—星野リゾート　竣工—二〇一六年七月　ランドスケープデザイン—オンサイト計画設計事務所　建築—クラインダイサムアーキテクツ（ピッキオ・ビジターセンター）　協働—カナデ設計事務所　照明—ICE都市環境照明研究所　構造—KAP一級建築士事務所　機械設備—ジーエヌ設備設計　電気設備—タクトコンフォート

### 虎渓用水広場 (p.84, 98, 100, 104, 116)

**所在地**―岐阜県多治見市　**敷地面積**―約四五〇〇㎡　**施主**―多治見市　**竣工**―二〇一六年七月　**協働**―エル・ケー・デザインオフィス　**ランドスケープデザイン**―オンサイト計画設計事務所　**照明**―ＩＣＥ都市環境照明研究所　**構造**―リズムデザイン＝モヴ一級建築士事務所　**土木設備**―玉野総合コンサルタント　**サイン**―岩松亮太

### コレド日本橋の広場 (改修、p.84)

**所在地**―東京都中央区　**敷地面積**―約五〇〇㎡　**施主**―三井不動産　**竣工**―二〇〇五年三月　**プロデューサー**―博報堂　**共同設計**―オープン・エー　**ランドスケープデザイン**―オンサイト計画設計事務所　**照明**―ＩＣＥ都市環境照明研究所

### 東雲 CODAN (p.92)

**所在地**―東京都江東区　**敷地面積**―約一六四三〇㎡　**施主**―都市再生機構　**竣工**―二〇〇五年九月　**ランドスケープデザイン**―オンサイト計画設計事務所　**建築**―山本理顕設計工房（一街区）、伊東豊雄建築設計事務所（二街区）、隈研吾建築都市設計事務所（三街区）、山設計工房（四街区）、ＡＤＨ・ワークステーション（五街区）、スタジオ建築計画・山本・堀アーキテクツ（六街区）　**サイン**―廣村オフィス　**照明**―近田玲子

### 多々良沼公園／館林美術館 (p.66, 94)

**所在地**―群馬県館林市　**敷地面積**―約七四〇〇〇㎡　**施主**―館林市（公園）、群馬県（美術館）　**竣工**―二〇〇二年　**ランドスケープデザイン**―オンサイト計画設計事務所　**建築（美術館）**―第一工房

### たまむすびテラス (p.88)

**所在地**―東京都日野市　**敷地面積**―約一三〇〇〇㎡　**施主**―都市再生機構　**竣工**―二〇一六年九月　**プロデューサー**―都市再生機構　**ディレクター**―東急不動産、たなべ物産、コミュニティネット　**ランドスケープデザイン**―オンサイト計画設計事務所　**建築**―リビタ、ブルースタジオ、プラスニューオフィス

### 帝京平成大学中野キャンパス (p.74, 98)

**所在地**―東京都中野区　**敷地面積**―約二〇〇〇〇㎡　**施主**―帝京平成大学　**竣工**―二〇一三年三月　**ランドスケープデザイン**―オンサイト計画設計事務所　**建築**―日本設計

### 東京工芸大学中野キャンパス3号館 (p.100)

**所在地**―東京都中野区　**敷地面積**―約七六〇〇㎡　**施主**―東京工芸大学　**竣工**―二〇一四年三月　**ランドスケープデザイン**―オンサイト計画設計事務所　**建築**―坂倉建築研究所　**照明**―ＩＣＥ都市環境照明研究所

### 箱根山テラス (p.82)

**所在地**―岩手県陸前高田市　**敷地面積**―約六五〇〇㎡　**施主**―箱根山テラス　**竣工**―二〇一四年九月　**ディレクター**―リビングワールド　**ランドスケープデザイン**―オンサイト計画設計事務所　**建築**―アイダアトリエ＋名古屋市立大学久野研究室　**構造**―我伊野構造設計室　**環境設備**―ビオフォルム環境デザイン室　**内装**―グラフ（デコラティブモードナンバースリー）　**サイン**―青い月

### ハルニレテラス (p.98)

**所在地**―長野県軽井沢町　**敷地面積**―約九三〇〇㎡　**施主**―星野リゾート　**竣工**―二〇〇九年七月　**ランドスケープデザイン**―オンサイト計画設計事務所　**建築**―東環境・建築研究所　**照明**―ＩＣＥ都市環境照明研究所　**構造**―桐野建築構造設計　**設備**―森村設計、山崎設備設計事務所

### 星のや軽井沢 (p.108)

**所在地**―長野県軽井沢町　**敷地面積**―約四二〇〇〇㎡　**施主**―星野リゾート　**竣工**―二〇〇五年七月　**ランドスケープデザイン**―オンサイト計画設計事務所　**建**

築｜東環境・建築研究所　**照明**｜ICE都市環境照明研究所　**建築構造**｜佐野建築構造事務所　**構造**｜桐野建築構造設計　**機械設備**｜知久設備計画研究所　**電気設備**｜山崎設備設計事務所

### 星のや竹富島（p.66, 86, 108）

**所在地**｜沖縄県八重山郡竹富町　**敷地面積**｜約六七〇〇〇㎡　**施主**｜星野リゾート　**竣工**｜二〇一二年四月　**ランドスケープデザイン**｜オンサイト計画設計事務所　**建築**｜東環境・建築研究所　**照明**｜ICE都市環境照明研究所　**建築構造**｜KAP一級建築士事務所　**構造**｜リズムデザイン　**設備**｜ハルス建築環境設計

### 星のや東京（p.72）

**所在地**｜東京都千代田区　**敷地面積**｜約一三〇〇㎡　**事業者**｜三菱地所（再開発施工者）　**運営者**｜星野リゾート　**竣工**｜二〇一六年四月　**設計監理**｜三菱地所設計、NTTファシリティーズ　**ランドスケープデザイン監修**｜オンサイト計画設計事務所　**旅館計画・内装設計監理・外装デザイン協力**｜東環境・建築研究所　**照明**｜ICE都市環境照明研究所

### 星のやバリ（p.104）

**所在地**｜インドネシア・バリ島　**敷地面積**｜約三〇〇〇㎡　**施主**｜星野リゾート　**竣工**｜二〇一二年四月　**ランドスケープデザイン**｜オンサイト計画設計事務所　**建築**｜東環境・建築研究所　**照明**｜ICE都市環境照明研究所

### 星のや富士（p.80, 110）

**所在地**｜山梨県河口湖町　**敷地面積**｜約五四〇〇〇㎡　**施主**｜星野リゾート　**竣工**｜二〇一二年四月　**ランドスケープデザイン**｜オンサイト計画設計事務所　**建築**｜東環境・建築研究所　**照明**｜ICE都市環境照明研究所　**構造**｜KAP一級建築士事務所　**機械設備**｜Gn設備設計　**電気設備**｜タクトコンフォート

### 星野リゾート コミュニティゾーン遊歩道（p.68）

**所在地**｜長野県軽井沢町　**長さ**｜約一km　**施主**｜星野リゾート　**竣工**｜段階的に整備　**ランドスケープデザイン**｜オンサイト計画設計事務所　**照明**｜ICE都市環境照明研究所

### ポルタ・ヌオーヴァ公園（国際コンペ 2等入選，p.102）

**所在地**｜イタリア・ミラノ　**敷地面積**｜約五四〇〇〇㎡

**施主**｜ミラノ市　**設計**｜オンサイト・石本チーム

### 丸の内オアゾ（p.72）

**所在地**｜東京都千代田区　**敷地面積**｜約二四〇〇〇㎡　**施主**｜三菱地所　**竣工**｜二〇〇四年八月　**ランドスケープデザイン**｜オンサイト計画設計事務所　**建築**｜三菱地所設計　**照明**｜ソラ・アソシエイツ　**サイン**｜メックデザイン・インターナショナル

### 横浜ポートサイド公園（p.70）

**所在地**｜神奈川県横浜市　**敷地面積**｜約二七〇〇〇㎡　**施主**｜横浜市　**竣工**｜一九九八年三月　**ランドスケープデザイン**｜オンサイト計画設計事務所　**協働**｜アウト・スペース設計工房　**土木構造**｜創和計画　**音環境デザイン**｜庄野泰子

### 立正大学熊谷キャンパス（p.76）

**所在地**｜埼玉県熊谷市　**敷地面積**｜約三四五〇〇〇㎡　**施主**｜立正大学　**竣工**｜二〇一〇年六月　**ランドスケープデザイン**｜オンサイト計画設計事務所　**建築**｜石本建築事務所

# あとがき

デザインをするために考えているのか、考えがとりあえずどこかに帰着する糸口としてデザインをしているのか、たまに自分でもわからなくなる。誰しも子どものころ、「もしほかの家に生まれても自分は自分なんだろうか？」とか「宇宙の果てはどうなってるんだろう？」などというとりとめのないことを考えたことがあるのではないだろうか。そう言えば、かの澁澤龍彦も小さいころに合わせ鏡の絵を見て、子ども心に「無限」という概念への畏れを抱いたらしい。

世界はいままさにここにあるけど一体どのようにしてそれはあるんだろう、ということへの不思議さの感覚は物心ついたころから始まり、いくつになっても消えることがない。いろいろと理屈を覚えてはきたけれど、結局その不思議さについて考えること自体がけっこう楽しいのだろう。私にとってのランドスケープデザインという仕事は、そのことの延長である気がする。

世界についてぼーっと考えている子どもが、どうせ何かやるなら世界の成り立ちに関わりたいといつしか思うようになった。そうして偶然と必然の絡み合いのなかで、いまこの仕事をしている自分がいる。私にとっての世界は風景という姿で具体的に現れていて、その内にはあらゆるものたちが関係し合いながら動き続けている。風景という全体像は無数の他者たちの営みの集積でもある。世界が刻々と更新されているとも言えるだろう。

風景を介して世界とつながることができる。ランドスケープデザインを通して、風景にさわることができるのである。なんてわくわくすることだろう。と同時に、そんなことは個人として可能なのか、ということも思ってしまう。まさに部分と全体の関係である。個人がデザインを通して全体像にアプローチするとき、畏れをもって「さわる」態度が大事だと思う。「この仕事はどのような世界につながっていくのか」「この仕事で私たちは何を実現しようとしているのか」をつねに自問し、そしてデザインとこの問いの間を行き来する。

こうやって書いてみると、やはり私にとってのランドスケープデザインというのは、ひとつのものの見方なんだなと改めて思う。個人が全体像に対して向き合うときの心構えのひとつ。それは職能としてのランドスケープデザインだけに必要なものではないし、専売特許でもない。様々な分野、職能もそれなりのインパクトで風景にさわっている。

私が言いたかったことは、そういう立場にある人は自らが行使する力にまず自覚的であるべきだろうということに尽きるかもしれない。その意味ではいろんな立場の人にこの本を読んでいただきたいし、自分たちのすることのすぐさきに世界や風景が直にくっついていることを思い起こすきっかけになればいいなぁと思う。

とりとめもなく考えてきたことはまとまった論考になっているわけでもなく、ましてや理論として体系づけられているわけでもない。むしろ一つひとつの断片的な思いが自分の中ではゆるく結びついてふわふわしているような感じだった。当然本にするなどということはまったく考えもしなかった。思いがけないことで丸善出版の渡邊康治さんに声をかけていただき、萩田小百合さんのお力添えもあって、こういったかたちでまとめることができたのは本当にありがたいことで感謝に堪えない。

一つひとつの断片がゆるやかに相互に関係し、その集積として一冊の本の中に一つの全体像が浮かび上がることをまさに夢想しつつ書いてみたが、うまくいったかどうかは自分にはまったくわからない。本もこの世界に投げ込まれるひとつの他者になる。このさき生まれるであろう多くの関係性の編み目の一部に、この本がなってくれればなぁと願うばかりである。

なお、本をこのかたちにするにあたり、川村庸子さんとラボラトリーズの加藤賢策さんをはじめ、北岡誠吾さんにも本当にお世話になった。書いたことや伝えたいことを的確に読み取り、それにふさわしい姿と佇まいを本に与えていただいた。うれしい限りであり、心からお礼申し上げたい。

最後に自らもパートナーの一員である、オンサイト計画設計事務所（studio on site）のみんなの存在抜きにしてはあとがきにならないだろう。こうやってふりかえってみるとそれなりの数のプロジェクトをやってきたなんだなぁと感慨深いが、当たり前だが自分一人ではどうしようもなかった。OB・OG含め、みんなの力がなければ何ひとつ実現していないはずだ。ふだんは口にはしないが、いつも本当に感謝しています、とここに記しておく。

一期一会のチームで、一期一会のクライアントや使う立場の人々に出会う。まさに設計という行為自体が関係の編み目の一つひとつであったことに改めて気づく。

長谷川浩己

写真クレジット（左記以外は著者・オンサイト計画設計事務所撮影）

- 阿野太一：p.85-1
- 阿部俊彦：p.79-1
- 釜石市役所：p.101-2
- クドウフォト：p.95-3
- 吉田誠／吉田写真事務所：p.67-2, 73-3,4,5, 77-1,2, 81-上,下, 83-1, 85-3, 86, 91-1, 93-1,2, 99-中, 101-3, 105-1,2, 107-1, 109-1,2, 111-1, 113-1,2, 115-1
- Nacása&Partners Inc.：p.73-2

**著者紹介**

長谷川浩己（はせがわ・ひろき）

ランドスケープアーキテクト

1958年千葉県生まれ。オンサイト計画設計事務所パートナー、武蔵野美術大学特任教授。

千葉大学を経て、オレゴン大学大学院修士修了。ハーグレイブス・アソシエイツ、ササキ・エンバイロメント・デザイン・オフィスなどを経て現在に至る。多々良沼公園／館林美術館、丸の内オアゾ、東雲CODAN、星のや、日本橋コレドの広場、虎渓用水広場、オガール広場などで、グッドデザイン賞、造園学会賞、AACA芦原義信賞、ARCASIA GOLD MEDAL、アーバンデザイン賞、土木学会デザイン賞最優秀賞など受賞。共著に『つくること、つくらないこと』（学芸出版）など。

風景にさわる
ランドスケープデザインの思考法

平成 29 年 9 月 30 日　発　　行
平成 31 年 3 月 10 日　第 4 刷発行

著作者　長谷川　浩己

発行者　池　田　和　博

発行所　丸善出版株式会社
〒101-0051 東京都千代田区神田神保町二丁目17番
編集：電話(03)3512-3266／FAX(03)3512-3272
営業：電話(03)3512-3256／FAX(03)3512-3270
https://www.maruzen-publishing.co.jp



装丁・加藤賢策(LABORATORIES)
組版・株式会社 ラボラトリーズ
印刷・富士美術印刷株式会社／製本・株式会社 松岳社

ISBN 978-4-621-30204-0　C3052　Printed in Japan